晶体学各向异性效应
对铝合金应力时效的影响

郭晓斌　邓运来 ———— 著

EFFECT OF THE CRYSTALLOGRAPHY ANISOTROPY
ON THE PRECIPITATION STRENGTHENING
OF STRESS-AGED ALUMINUM ALLOYS

中南大学出版社
www.csupress.com.cn
·长沙·

前 言

　　铝合金作为重要的轻量化结构材料，在航空航天器件、交通运输车辆、产品包装以及建筑用材中广泛使用。相比其他金属结构材料，铝合金有更优异的塑性，其加工制造的成品率较高；并且2×××系，6×××系(Al-Mg-Si 系合金)和7×××系(Al-Zn-Mg 系合金)铝合金在时效过程中形成的大量弥散细小析出相，能使其强度进一步提高，叠加加工硬化、细晶强化、固溶强化，可时效强化铝合金的强度通常能达到600~800 MPa。但是，铝合金加工过程中容易出现较强的各向异性，主要表现为织构各向异性和纳米析出相各向异性两方面。

　　微观组织的分布不均匀，如某种取向的织构强度很高或者纳米析出相沿着某一方向分布多，其他方向分布少，对材料的性能有很大影响。根据材料组织性能的对应关系，各向异性分布的组织必然导致力学性能的各向异性，在实际应用中，铝合金制品由于性能各向异性产生的薄弱区屈服强度较低，会成为疲劳断裂、腐蚀断裂的裂纹源，降低材料使用寿命。因此，研究如何调控材料宏微观组织的各向异性对于提高材料的强度使其满足更复杂的服役环境具有重要意义。

　　实际生产加工中，通常通过调控材料的宏观织构和微观纳米析出相来降低材料性能的各向异性。比如，由于不同晶体学取向的晶粒变形时位错的优先滑移系不同，不同织构的铝合金屈服强度有明显差别，冲压时能形成明显的制耳，降低产品的成品率；因此，通过降低铝合金板材的变形程度，采用低温退火或者高温短时退火，以及添加Zr、Sc等微合金元素来抑制再结晶立方织构的形成，让其晶粒组织保持等轴晶，以保证冲压板材力学性能的均匀性。铝合金板材的蠕变时效成型加工中，在外加应力场下时效，2×××系合金析出的盘片状或板条状纳米析出相容易出现某一方向上析出相明显增多，其他方向上析出相减少的情况，这一现象被称为应力作用下析出相的位向效应，根据时效强化的奥罗万方程，位向效应会导致材料的屈服强度下降。实际研究发现，通过控制加载应力的大小，蠕变成型板材的初始织构类型或者通过预变形引入位错密度都能抑制析出相的非均匀形核，使其在各方向上均匀形核生长，降低位向效应导致的析出强化各向异性，保证蠕变时效成型板材的性能均匀性。

本书主要阐述 2××× 系铝合金在外场应力作用下析出相的分布规律及其对时效后力学性能的影响，为高强铝合金的制造与应用提供理论基础。本书为从事金属材料晶体学行为、铝合金热处理和金属材料组织性能关系的相关研究人员提供指导，适合作为相关专业的研究生和科研人员的学习用书。本书虽经多次推敲和校稿，但由于作者的专业知识有限，难免有不当和遗漏之处，敬请读者谅解。

目　录

第 1 章　2×××系铝合金外场时效简介

1.1　2×××系铝合金

以 Al-Cu 系合金为基础的 2×××系铝合金，经固溶时的高温淬火（通常为 460~520℃）形成的过饱和固溶体，在低温时效（通常为 100~200℃）中形成大量弥散分布的盘片状或板条状析出相，这些析出相在变形时与位错的交互作用使材料具有很高的抵抗变形的能力，即为时效强化[1]。

1.1.1　Al-Cu 合金及其析出相

Al-Cu 合金从 20 世纪 Wilm[2]在柏林尝试提高铝合金的强度而首次制备出来后就得到了广泛的研究。该合金首次在航空材料中的应用是莱特飞行器上的曲轴箱，这是真正意义上第一代航空铝合金[3]。从此以后，Al-Cu 合金就成为最重要和研究最多的铝合金材料之一，也成为 2×××系商用铝合金的主要合金成分。

Al-Cu 合金属于可热处理强化的合金，由于其时效中形成的盘片状析出相作为阻挠位错运动的不可切割粒子，与变形位错的滑移交互作用而抵抗变形，从而表现出很高的强度。实际应用中为了充分形成纳米析出相，经常采用高温固溶，然后快速冷水淬火，最后置于中等温度下长时间时效的工艺方法。Al-Cu 合金的富铝角相图如图 1-1 所示[4]。图中 α 相在固溶温度区间 400~600℃ 是热动力学稳定的相，当以快速冷却速率淬火到室温后，Cu 原子并不能有充分的时间形成平衡 θ 相，从而大部分 Cu 原子仍然溶解在 Al 基体中，固溶后合金在室温下保持过饱和固溶体状态。

显然，过饱和固溶体处于亚平衡状态，其有向 Al 基体母相（α 相）和非共格 θ 相转变的化学驱动势。然而，直接从固溶体形核生成 θ 相需要克服极高的形核激活能，这主要是由于 θ 相和母相的界面能很高，实际时效中该过程从能量转化角度基本无法进行。所以，在 100~200℃时效，与铝基体共格或者半共格的亚稳相

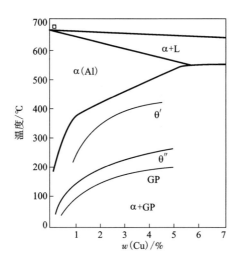

图 1-1 Al-Cu 合金相图富铝角[4]

优先形核，比如 GP（Guinier-Preston）区、θ″相、θ′相，析出序列一般为：过饱和固溶体→GP 区→θ″相→θ′相。GP 区结构为共格的盘状，由单层的 Cu 原子平行于 Al 基体的 $\{100\}_{Al}$ 面构成[5-6]；θ″相由两层 Cu 原子和三层 $\{100\}_{Al}$ 面间隔组成[7]。

θ′相的晶体结构是体心四方结构[8]，晶格常数为 $a=4.04$ Å，$c=5.08$ Å，与基体的惯习关系为 $\{001\}_{Al}//\{001\}_{\theta'}$，$<010>_{Al}//<010>_{\theta'}$，即惯习面为 $\{001\}_{Al}$，生长方向为 <010> 方向。实验测定 θ′相是半共格的盘片状析出相，其中 $(001)_{\theta'}$ 面与 $\{001\}_{Al}$ 面共格，且 $(001)_{\theta'}$ 面为其盘片的扁平面，而盘片的边缘与 Al 基体为半共格的界面。根据 θ′相的取向关系，其四方晶体结构 c 轴的方向可以沿着 Al 基体立方结构的任意一个 <100> 方向，因此 θ′相有三个变体。

平衡相 θ 相为四方结构[9]，晶格常数为 $a=6.07$ Å，$c=4.87$ Å，由于 θ 相和铝基体为非共格，其生长取向和形状没有特定规律。θ″相、θ′相和 θ 相的结构示意图如图 1-2 所示。

低温长时间时效（如 120~150℃）后合金的强化机制包括固溶体中剩余 Cu 原子引入的固溶强化，时效初期形成的 GP 区和 θ″相与基体错配引入的共格强化，以及半共格 θ′相和平衡 θ 相与变形时位错作用导致的奥罗万强化机制。如果在较高温度下时效（如 190℃），由于能量较高，可以直接克服 θ″相的形核功，所以析出序列不会包含 GP 区，而是直接从 θ″相开始析出，这种情况下，到达峰值时效时，析出相主要为 θ″相和 θ′相的混合体。

通过控制时效温度和时间来调控析出过程，能极大地提高铝合金的强度。文献[10-11]系统研究了 Al-Cu 合金的强度随着时效温度和 Cu 含量的变化，结果表

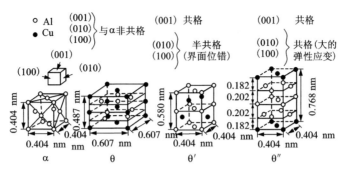

图 1-2　Al-Cu 合金 θ″相，θ′相和 θ 相的结构示意图[9]

明，对于确定的 Cu 含量，低温时效需要较长时间来达到峰值硬度值，当时效温度小于等于 150℃时，峰值时效状态下合金中析出相主要为 θ″相；当时效温度大于等于 200℃时，峰值时效状态对应的析出相为 θ′相。θ″相与 θ′相对比，前者尺寸较小，分布更弥散，且 θ″相能叠加共格错配时的共格强化效果，因此比 θ′相强化效果更优。尽管如此，θ′相能在较高温度更短时间内完成时效析出，而且其强化效果并不比 θ″相下降很多，由于 θ′相在实际应用中更容易实现，因而是 Al-Cu 合金中最主要的析出强化相。平衡相 θ 相一般在 200℃以上长时间时效后形成，因为其与基体非共格，强化效果较差，粗大的 θ 相甚至会使材料强度和塑性下降，因此一般避免过时效出现 θ 相。

一个 θ′相变体和 Al 基体只有一个匹配面，即三个 $\{100\}_{Al}$ 面的某一个，其匹配程度由 Cu 原子位置和 θ′相的点阵常数来确定，匹配的结果形成了与基体半共格的盘片状析出相。其中盘片状 θ′相的宽平面与基体保持共格界面，盘片的边缘与基体为半共格界面。共格界面上 θ′相与 Al 基体保持 1∶1 匹配，即 $1a_{θ'} = 1a_{Al}$；半共格界面上，θ′相与 Al 基体并非完美匹配，穿过该界面的晶面都保持半共格状态，形成的错配位错沿着界面分布。盘片状析出相边缘上的匹配关系保持 2 个 θ′相的单位晶格与 3 个 Al 基体的晶格配合，即 $2c_{θ'} = 3a_{Al}$，这种匹配关系从两个方面被验证。首先，在透射电镜下观察了不同厚度 θ′相的应变场，Stobbs 和 Purdy[12]基于这些实验结果发现最小的 θ′相厚度为两个晶胞，错配度为−4.3%，等于 $2c_{θ'} = 3a_{Al}$ 的匹配结果，他们还发现半共格界面的界面结构（即错配度）随着 θ′相厚度的不同有很大差异，实验中观察到的另一种出现较多的错配度为+7.0%，即 $3c_{θ'}:4a_{Al}$ 的匹配结果，需要注意的是，这些应变场的观察都是基于 Dahmen 和 Westmacott[13]的理论，是在并不知道平衡态 θ′相的晶格常数的基础上计算出来的。还有一个支持半共格界面上 $2c_{θ'}:3a_{Al}$ 匹配的证据是最低错配度的推算，第一性原理计算的结果[14]表明，完全不受外力影响下的 Al 固溶体和 θ′相的晶格参数（温度为绝对零度）是：

$$a_{Al} = 0.3989 \text{ nm}, \quad a_{\theta'} = 0.4019 \text{ nm}, \quad c_{\theta'} = 0.5684 \text{ nm}$$

基于以上晶格参数计算结果，可以通过简单地匹配单位 Al 基体和单位 θ′ 相来计算不同匹配结果的错配度。假设有 x 个 θ′ 相和 y 个 Al 基体匹配，且 x 和 y 都为正整数，沿着半共格界面的错配度 δ 可以根据式(1-1)来计算

$$\delta = \frac{x(c_{\theta'}) - y(a_{Al})}{y(a_{Al})} \tag{1-1}$$

不同匹配方式错配度 δ 的计算结果如下：

$1c_{\theta'} : 1a_{Al} \quad \delta = +43\%$; $1c_{\theta'} : 2a_{Al} \quad \delta = -28.7\%$; $2c_{\theta'} : 3a_{Al} \quad \delta = -5.1\%$; $3c_{\theta'} : 4a_{Al} \quad \delta = +6.9\%$; $3c_{\theta'} : 5a_{Al} \quad \delta = -14.5\%$; $4c_{\theta'} : 5a_{Al} \quad \delta = +14\%$。

计算结果表明，θ′ 盘片状析出相边缘与 Al 基体不可能是 1:1 匹配，因为此种匹配情况下，错配度达到 43%。以上几种匹配模式中，最低错配度为 $2c_{\theta'} : 3a_{Al}$ 的 -5.1%，其次是 $3c_{\theta'} : 4a_{Al}$ 的 +6.9%。这与 Stobbs 和 Purdy[12] 通过实验解释的结果一致。

Al-Cu 合金时效后的强化机制主要基于奥罗万绕过不可切割粒子的模型，θ′ 盘片状析出相的形状和分布取向对临界切应力的影响已有研究[15-16]。Nie[15] 提出了 $\{100\}_{Al}$ 惯习面上盘片状析出相形状和位错临界切应力的关系，如式(1-2)所示：

$$\tau_p = \frac{Gb}{2\pi\sqrt{(1-v)}} \left(\frac{1}{0.931\sqrt{\frac{0.306\pi DT}{f}} - \frac{\pi D}{8} - 1.061T} \right) \ln \frac{1.225T}{r_0} \tag{1-2}$$

其中，G 为切变模量，b 为柏氏矢量，v 为泊松比，D 为盘片状析出相的直径，T 为盘片状析出相的厚度，f 为析出相体积分数，r_0 为位错绕过时位错核心的直径。

Zhu 等人[17] 和 Liu 等人[1] 针对 $\{100\}_{Al}$ 惯习面上盘片状析出相提出了修正的奥罗万方程，如式(1-3)所示：

$$\tau_p = 0.13G \frac{b}{(DT)^{0.5}} [f^{0.5} + 0.75(D/T)^{0.5}f + 0.14(D/T)f^{1.5}] \cdot \frac{0.87(D/T)^{0.5}}{r_0} \tag{1-3}$$

1.1.2 Al-Cu-Mg 合金及其析出相

Al-Cu 合金中添加 Mg 元素对提高 2××× 系铝合金的强度有重要意义，当添加一定量的 Mg 后，Al 基体的相平衡将发生改变，S 相(Al_2CuMg)将大量形成。根据 $w(Cu)/w(Mg)$ 的不同，Al-Cu-Mg 合金的平衡相区可能为 4 种情况：Al 基体的过饱和固溶体；Al 基体 + θ′ 相；Al 基体 + S 相以及 Al 基体 + θ′ 相 + S 相。图 1-3 是 Al-Cu-Mg 三元相图中的富铝角部分，当 Cu/Mg 比在 1:1 至 3:1 的范围内，

S 相作为主要析出相于低温(如 190℃) 下大量形成。当 Mg 含量过高时, 容易形成尺寸粗大的 T 相(Al_5CuMg_4)。

Silcock[20]总结了 S 相的析出序列为: 过饱和固溶体→GP 区→S′相→S 相。其中 S′相为正交立方晶体结构[21], 晶格常数为 $a_{S'} = 0.405$ nm, $b_{S'} = 0.916$ nm, $c_{S'} = 0.720$ nm。S′析出相形状为板条状, 在{012}惯习面上沿着<100>方向生长, 该析出相与母相 Al 基体的取向关系为[22]: $[100]_{S'}//<010>_{Al}$; $[010]_{S'}//<012>_{Al}$。根据此取向关系, S′相有 13 种可能的分布方向, 每个<100>方向上有 4 种 S′相变体, 分别总结在表 1-1 中[23]。

S 相与 S′析出相的晶体结构非常相似, 两种相的形状都是板条状, 取向关系也相同。S 相的晶格常数为 $a_S = 0.400$ nm, $b_S = 0.923$ nm, $c_S = 0.714$ nm。因此, 在实际研究中, 可以把 S′析出相看作板条状 S 相的过渡型。

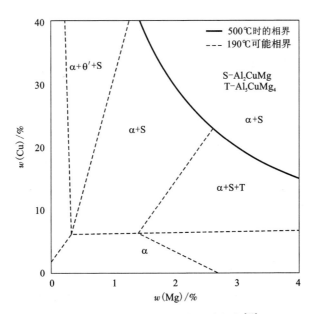

图 1-3　Al-Cu-Mg 三元相图富铝角[19]

表 1-1　S′相 12 种变体及其与基体的取向关系

$[100]_{S'}//$	$[010]_{S'}//$			
$[100]_{Al}$	$[021]S_1$	$[012]S_2$	$[01\bar{2}]S_3$	$[0\bar{2}1]S_4$
$[010]_{Al}$	$[102]S_5$	$[201]S_6$	$[20\bar{1}]S_7$	$[10\bar{2}]S_8$
$[001]_{Al}$	$[210]S_9$	$[120]S_{10}$	$[\bar{1}20]S_{11}$	$[\bar{2}10]S_{12}$

S′析出相与基体错配导致的弹性应变能，使其通常在位错等异质形核质点上优先形核生长[24-38]。这些优先形核生长的 S′析出相通常与 Al 基体晶格保持部分共格状态，因此，板条状的 S′相在基体的位错上，小角度晶界及其他结构不均匀的质点附近大量分布。S′析出相的初始形核状态称为 GPB，GPB 首先由 Bagaryatsky[39] 提出，以便于和 Al-Cu 合金的 GP 区分别开来。GPB 主要有两种类型，分别为 GPB（Ⅰ）和 GPB（Ⅱ），透射电镜（TEM）下 GPB（Ⅰ）并无漫散射条纹出现，但是在倒易空间的 ｛100｝ 面附近有衍射点出现。根据 Silcock 的实验结果[20]，这些 GPB 区为直径 1~2 nm，长度 4 nm 的圆柱形，通常在 190℃时效的初期形成，并在 S′析出相于 ｛012｝$_{Al}$ 惯习面上形核之前完成。

Bagaryatsky[40-41] 认为 GPB 区并不直接作为 Al-Cu-Mg 合金中 S′析出相形核的核心。他指出亚稳相 S″相在析出过程中作为 S′相的前驱相提前形成，Cuisiat[42] 等人的实验结果也证明了 S″相的存在。而且，Weatherly[43] 等人发现了在 Al-2.7Cu-1.5Mg-0.2Si 合金 190℃时效中 GPB 区向 S″相转变的证据。但 Wilson[44] 认为，Si 能显著增加固溶原子和空位、GPB 区之间的结合能，使 GPB 区更加稳定，从而提高 GPB 区向 S′相转变的温度，因而会有 S″相作为过渡相出现。关于 GPB 区作为 S′相形核质点的研究还有待继续，而且实验观察到 S″相或者 GPB（Ⅱ）区作为 S′相形核的前驱相使该问题更为复杂，但是 GPB 区是 S′相形核的重要质点之一毋庸置疑。

另外，Al 基体中的位错、晶界以及空位团对 S′相析出的影响不可忽略。在 Al-Cu-Mg 合金中，固溶淬火形成的大量位错环和螺形位错通常作为 S 相异质形核的质点，如图 1-4 中透射电镜下的暗场相所示[45]，位错附近的形核质点最终生长成为 S 相。淬火形成的大量分散的空位团也会成为 S′相的优先形核区域，或者这些空位位置会聚集 Cu 和 Mg 原子，从而先形成 GPB 区，进而按照析出序列生长转变成 S′相。

Radmilovic[46] 使用高分辨透射电镜（HRTEM）研究了 Al-2.01Cu-1.06Mg-0.14Zr 合金时效过程中 S′相的形核和生长，他发现了 S′相的两种形核机制。一方面，Cu 和 Mg 原子团聚成 2~4 nm 大小的原子团簇（稍微大于 Silcock[20] 发现的 GPB 尺寸），这些原子团簇可按照 Flower 和 Gregson[47] 提出的 GP 区模型逐步转变成 S′相；另外，S′相可以优先在亚晶和晶界上形核。S′相的生长主要由析出相边缘迁移和沿着 <102> 方向的周期性排列控制，Radmilovic[46] 发现 S′相和 S 相的生长机制完全一致，因此弥散分布 S′相和 S 相在 Al-Cu-Mg 合金中不做区分。

Gomiero 等人使用小角度 X 射线衍射（SAXS）和 TEM 研究了 Al-Cu-Mg 合金中的 S 析出相。其中，GPB 区在 150℃时效超过 48 h 之后被观察到，而仅仅 6 h 的时效后 S′相就在位错及空位团上形成，晶界上也有 S 相形成。因此，由于材料初始位错的存在，淬火导致的空位团会提供非均匀形核质点，S 相的均匀形核生

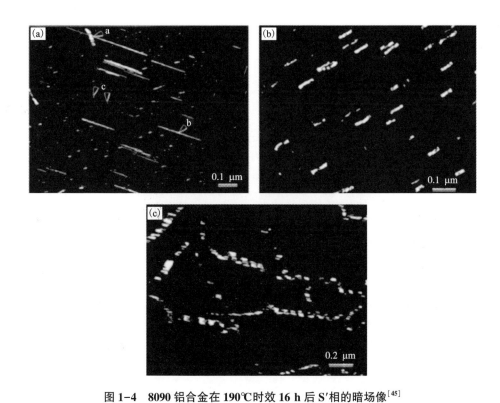

图 1-4　8090 铝合金在 190℃时效 16 h 后 S′相的暗场像[45]

（a）不同形状的 S′相：a—薄片状；b—板条状；c—细小的短棒状；
（b）S′相在位错环上形核生长；（c）S′相在螺形位错上形核生长

长在常规商用 Al-Cu-Mg 合金的时效热处理中并不可实现。非均匀形核会导致材料力学性能的不稳定，在实际生产中，通常使用 T87 工艺（即淬火+预变形+峰值时效）来引入大量位错从而使材料的非均匀形核能在大范围内同步进行，提高 Al-Cu-Mg 合金时效后的强度并保证其性能的均匀性。如 Gregson 和 Flower 采用了一种预变形加双级时效的热处理制度，3%的预变形+170℃/1.5 h+190℃/24 h，得到了大量均匀弥散分布的板条状 S 相。

S 相的强化机制总结如下：Al-Cu-Mg 合金低温时效后析出大量高形状因子（长度和直径比大于 10）的板条状 S 相[48]。由于 S 相沿着<100>$_{Al}$ 方向生长，板条状 S 相在{111}$_{Al}$ 位错滑移面上的截面形状为椭圆形，且三个<100>方向与{111}面的夹角相同，所以 S 相在各个{111}面上为近似等大小的椭圆形。对于{111}$_{Al}$ 面上直径为 D 的析出相，表述析出相强化的经典 Orowan 方程[49]见式（1-4）：

$$\tau_{\mathrm{p}} = \frac{0.81 G_{ij} b}{2\pi \sqrt{(1-\upsilon)}} \left(\frac{1}{0.615 D \sqrt{\frac{2\pi}{3f}} - D} \right) \ln \frac{D}{b} \qquad (1-4)$$

考虑了析出相形状和分布取向的影响后，Nie 等[15-16]推导出了适用于 $<100>_{\mathrm{Al}}$ 型杆棒状析出相的时效强化模型，修正后的 Orowan 方程见公式(1-5)。

$$\tau_{\mathrm{p}} = \frac{G_{ij} b}{2\pi \sqrt{(1-\upsilon)}} \left[\frac{1}{\left(1.075 \sqrt{\frac{0.433\pi}{f}} - \sqrt{1.732}\right) D_{\mathrm{p}}} \right] \ln \frac{\sqrt{1.732} D_{\mathrm{p}}}{r_0} \qquad (1-5)$$

其中，G_{ij} 是切变模量，b 是柏氏矢量的模，υ 为泊松比，D_{p} 为板条状析出相的直径，f 为析出相体积分数，r_0 为位错绕过时位错核心的直径。

Zhu 等[17]通过计算机模拟了位错绕过不可切割析出相时引起的临界切应力增量，并使用二次多项式的方程表达析出强化结果，如式(1-6)所示：

$$\tau_{\mathrm{p}} = 0.15 G \frac{b}{D} (f^{0.5} + 1.84f + 1.84f^{1.5}) \cdot \ln \frac{1.316 D}{r_0} \qquad (1-6)$$

Yan[50]使用式(1-4)，式(1-5)和(1-6)分别计算了 Al-4.2Cu-1.4Mg 合金在 190℃下时效不同时间的析出强化增量，如图 1-5 所示，可以看出三个公式计算得到的析出强化增量变化趋势完全一致，仅在峰值时效(12 到 15 小时之间)处数值上有 5~15 MPa 的差距。

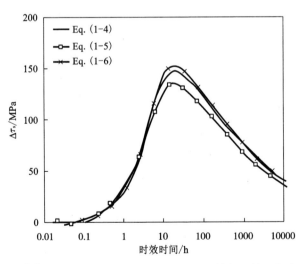

图 1-5　Yan[50]根据三种不同的奥罗万修正方程计算得到的 S 析出强化增量

1.1.3　Al-Cu-Mg-Ag 合金及其析出相

通过添加微量金属元素能够调控可时效强化铝合金中的析出过程，这一方法在 Al-Cu 合金中能提高铝合金的室温和高温强度。在 2219 合金的基础上，添加微量的 Ag(0.3%~0.4%)和 Mg(0.4%~0.5%)能明显影响其析出过程。典型的合金成分如 Al-6.3Cu-0.45Mg-0.3Ag-0.3Mn-0.15Zr，该合金在人工时效过程中并没有从 $\{100\}_{Al}$ 惯习面上析出 θ'' 相和 θ' 相，而另一种薄盘片状的新相(被称为 Ω 相)从 $\{111\}_{Al}$ 惯习面上大量弥散析出。

关于 Ω 相的晶体结构已经有多种结论[51-52]，但目前普遍认为 Ω 相属于正交晶系[53-54]，其结构与过时效态 Al-Cu 合金中的 θ 相(与基体非共格四方晶系)基本一致，相成分主要为 Al_2Cu。不同于 θ 相的是，Ω 相与 Al 基体在 $\{111\}_{Al}$ 惯习面保持共格或部分共格状态，Mg 和 Ag 原子在析出相生长过程中聚集在 Ω 相界面上，将 Ω 相与 Al 基体隔离开来，在相生长过程中起到降低错配能的作用[54-56]。因此，在较高温度下时效(如 250℃)，θ 相将优先于 Ω 相形成[57-58]。而相比 Al-Cu 合金，大量析出 Ω 相的 Al-4Cu-0.3Mg-0.4Ag 合金在 125℃ 和 150℃ 下均表现出优异的抗高温蠕变性能，这是由于在 125℃ 和 150℃ 下 Ω 相有很强的热稳定性[59]。

典型的 Al-Cu-Mg-Ag 合金中 $w(Cu)/w(Mg)$ 大于 10，从而促使形状因子(盘片状析出相直径厚度比)接近 100 的 Ω 相均匀弥散地分布[57][60][61][62]。Ω 相的晶格常数[62]为 $a_\Omega = 0.496$ nm，$b_\Omega = 0.856$ nm，$c_\Omega = 0.848$ nm。其与 Al 基体的取向关系为 $[100]_\Omega // [211]_{Al}$，$[010]_\Omega // [110]_{Al}$，$(001)_\Omega // (111)_{Al}$。其中沿着 a_Ω 轴和 b_Ω 轴方向 Ω 相的晶格常数分别等于 $(211)_{Al}$ 和 $(110)_{Al}$ 晶面间距的三倍，即在这两个方向上 Ω 相与 Al 基体的错配度小于 0.015%。而沿着 c_Ω 轴方向，Ω 相与 Al 基体的 (111) 面为半共格匹配，错配度为 -9.3%。随着析出相生长过程中厚度的增加，与母相负错配的 Ω 相会引入拉伸型的错配应变[63]。由于 $[100]_\Omega // [211]_{Al}$ 和 $[010]_\Omega // [110]_{Al}$ 两个方向上的错配度可忽略不计，$(001)_\Omega // (111)_{Al}$ 方向的错配度引起的弹性应变能是析出相形成所需要克服的阻力之一。

在 Al-Cu-Mg-Ag 合金中，由于成分的复杂性，析出相一般为以 Ω 相为主体，伴随少量 θ' 相和 S 相。形核初期，Mg-Ag 原子团簇优先形成，第一性原理计算的结果[64]表明，Mg-Ag 原子团簇必须结合 Cu 原子才能符合 $\{111\}_{Al}$ 面上的弹性准则。这些原子团簇最终成为形核的质点[65]。三维原子探针(3-DAP)，高分辨透射电镜和能谱的结果表明[65][66][67]，Ag、Mg 和 Cu 三种原子都出现在 Ω 盘片状析出相与基体共格的宽面上，而在析出相内部和盘片的边缘都没有观察到 Ag 原子的分布。Ringer 等人[68]和 Hutchinson 等人[66]的研究结果表明，S 相的析出对 Ω 相的体积分数和稳定性有很大影响。当合金成分位于(Al 基体+θ' 相+S 相)相区时，S 相的形成会夺取一定量的 Mg 原子，导致 Mg-Ag-(Cu)原子团簇数比例减少，进而抑制 Ω 相的形核，Mg 原子的争夺在时效过程中形成新的化学势。Ringer 等人[68]还发现，Al-4.0Cu-0.3Mg-0.4Ag 合金在 250℃长时间时效 2400 h 后，大部分 Ω 相都溶解到 Al 基体中。这是由于少部分 Ag 元素(小于 3%)能溶解到 S 相中，而且这些 Ag 元素在 S 相生长过程中并未聚集到 S 相的边缘，即能在 S 相中长时间保留[69]。

除了 S 相会影响 Ω 相的析出外，Ω 盘片相生长过程中厚度的增加亦会影响该相的热稳定性，研究表明当其厚度达到 13 nm 时(人工时效温度为 250℃)，高形状因子的 Ω 相开始失去稳定性并粗化。这是由于当析出相生长到该厚度时，相边缘形成的位错场已经足够抵消析出相与母相基体错配形成的应变场，相界周围的位错足够降低 Ω 相沿着 c_Ω 轴方向的形核功，促进析出相厚度进一步快速增加，最终使 Ω 相粗化，形状因子减小，其析出强化效果也随之减弱。

均匀弥散分布的 Ω 相在 Al-Cu-Mg(-Ag)系合金中析出强化效果最优，这是由于{111}惯习面上形成的高形状因子的 Ω 相能形成密集的障碍网络来阻碍位错移动[70-72]。研究表明[70-71, 73-75]，Ω 盘片相属于位错可切割型粒子，Nie 和 Muddle[15-16]提出了位错切割{111}惯习面上盘片状析出相的强化模型，见式(1-7)：

$$\tau_p = \frac{1.211 d_t}{t^2} \left(\frac{bf}{\Gamma} \right)^{1/2} \gamma_i^{3/2} \tag{1-7}$$

其中，d_t 是盘片状析出相的直径，t 是析出相的厚度，b 是柏氏矢量，f 是析出相的体积分数，Γ 是位错切割时的线张力，$\Gamma = 0.5Gb^2$，γ_i 是析出相的界面能。

1.2 铝合金的应力时效

1.2.1 外应力场与析出相的弹性交互作用

从热力学角度考量，温度(T)对时效过程的影响最大，压强(p)的影响几乎可以忽略，这是由于压强 p 与时效后材料体积的变化(ΔV)的乘积 $p\Delta V$ 才是压强影响的体现，而 ΔV 的值很小，所以未有考虑 p 的热力学函数来描述时效过程。

但是，合金的析出相与基体的错配应变(ε_{ij})通常具有方向性，不同方位的析出相(或者析出相不同变体之间)所受到外加应力的作用也各不相同。因此，在实际应力时效过程中，应力分量 δ_{ij} 和错配应变 ε_{ij} 对析出相的形成有很大影响，外加应力场的作用也由此体现。根据杂质原子的弹性介质模型[76-77]，在母相中分离一个半径为 r 的孔，加入半径为 $r(1+\varepsilon)$ 的析出相，其中 ε 为错配应变，则相变

应变为 $\varepsilon_{ij}^{**}=\varepsilon\delta_{ij}$，如图 1-6 所示。通常情况下，同一析出相内部的相变应变 ε_{ij}^{**} 保持恒值，而且其弹性系数 C_{ijkl}^{*} 也恒定不变。外加应力场和材料的内应力(如位错引起的应力场)对析出相的促进或者抑制作用通过相变应变来发挥，假设外加应力为 δ_{ij}^{A}，材料内应力为 δ_{ij}^{D}，则时效过程中的这两种应力与析出物相互作用导致的能量变化见式(1-8)：

$$E_{int}^{A}=-\int\delta_{ij}^{A'}\varepsilon_{ij}^{**}\,\mathrm{d}V=-\int\delta_{ij}^{D'}\varepsilon_{ij}^{**}\,\mathrm{d}V \qquad (1-8)$$

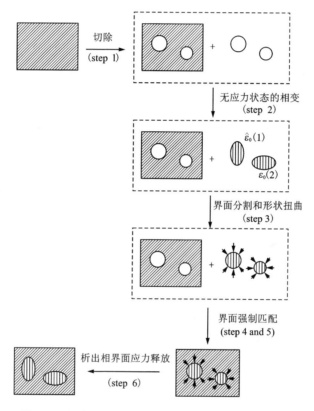

图 1-6　析出相形成时弹性介质模型推导的示意图[76]

由于析出相与母相的弹性系数不同，外加应力和内应力可能也有所变化，因此式(1-8)中使用 $\delta_{ij}^{A'}$ 和 $\delta_{ij}^{D'}$ 来表示两种应力状态。根据 Eshelby[77] 的等效夹杂物的概念，可以假定式(1-8)中析出相和母相的弹性系数相同，即用 δ_{ij}^{A} 和 δ_{ij}^{D} 来表示外加应力和其他内应力。式(1-8)可写作式(1-9)：

$$E_{int}^{A}=-\int\delta_{ij}^{A}\varepsilon_{ij}^{*}\,\mathrm{d}V=-\int\delta_{ij}^{D}\varepsilon_{ij}^{*}\,\mathrm{d}V \qquad (1-9)$$

假设析出相为椭球形状(如图 1-5 中所示),则 ε_{ij}^{**} 和 ε_{ij}^{*} 的数值关系符合式 (1-10):

$$C_{ijkl}(S_{klmn}\varepsilon_{mn}^{*}-\varepsilon_{kl}^{*})=C_{ijkl}^{*}\varepsilon_{kl}^{**} \tag{1-10}$$

C_{ijkl} 是母相的弹性系数, C_{ijkl}^{*} 是析出相的弹性系数, S_{klmn} 是 Eshelby 张量。当外加应力场作用于双相材料(其中第二相为非均匀形核的析出物)的相变过程中时,除了析出相和外加应力交互作用引入的交互作用能 E_{int}^{A} 外,析出相的非均匀形核会干扰外加应力场并引入额外的能量 E_{inh}。因此,外加应力下析出相的总弹性应变能可以表示为:

$$E_{\text{elastic}}=E_{\text{str}}+E_{int}^{A}+E_{inh} \tag{1-11}$$

在式(1-11)中,假设析出相之间的弹性交互作用忽略不计, E_{str} 是析出相的自由能,可由式(1-12)表示:

$$E_{\text{str}}=-\frac{1}{2}\sigma_{ij}^{I}\varepsilon_{ij}^{*}V_{\text{p}} \tag{1-12}$$

V_{p} 是析出相的体积分数, σ_{ij}^{I} 是析出相内部的应力,且可由式(1-10)求得其值:

$$\sigma_{ij}^{I}=C_{ijkl}(S_{klmn}\varepsilon_{mn}^{*}-\varepsilon_{kl}^{*}) \tag{1-13}$$

根据 Eshelby[77]关于椭球形析出相的推导结果, E_{int}^{A} 和 E_{inh} 分别可由式(1-14)和(1-15)来计算:

$$E_{int}^{A}=-\sigma_{ij}^{A}\varepsilon_{ij}^{T}V_{\text{p}} \tag{1-14}$$

$$E_{inh}=-\frac{1}{2}\sigma_{ij}^{A}\varepsilon_{ij}^{TA}V_{\text{p}} \tag{1-15}$$

其中, σ_{ij}^{A} 是外加应力, ε_{ij}^{T} 是等效固有应变(用来描述非均匀形核的析出相), ε_{ij}^{TA} 是另一个固有应变(用来表示外加应力受到异质形核质点干扰后的应力场分布), ε_{ij}^{T} 可由式(1-16)来计算,

$$C_{ijkl}(\varepsilon_{kl}^{A}+\varepsilon_{kl}^{CA}-\varepsilon_{kl}^{TA})=C_{ijkl}^{*}(\varepsilon_{kl}^{A}+\varepsilon_{kl}^{CA})$$

$$\varepsilon_{ij}^{CA}=S_{ijkl}\varepsilon_{kl}^{TA} \tag{1-16}$$

其中, ε_{kl}^{CA} 是外加应力引起析出相产生的应变, ε_{kl}^{A} 和外加应力 σ_{ij}^{A} 满足胡克定律,即

$$\sigma_{ij}^{A}=C_{ijkl}\varepsilon_{kl}^{A} \tag{1-17}$$

1.2.2　析出相位向效应

根据上述推导可知,外加应力 σ_{ij}^{A} 对于各向异性的相变(如盘片状,杆棒状析出相)过程作用明显。针对不同方向和正负(定义压应力为正,拉应力为负)的加载应力,某些惯习面或者生长方向上的析出相被促进或者抑制形核生长,从而出

现析出相总体分布的方向性，这种现象被称为应力位向效应（stress orienting effect）。

Al-Cu 合金的应力位向效应已有大量研究[78-154]，在无应力时效过程中，Al-Cu 合金析出的 θ′相总共有等效的六个变体，每个变体对应于｛100｝$_{Al}$ 惯习面上的两个<100>$_{Al}$ 生长方向。然而，在应力时效条件下，只有部分 θ′相变体会优先形成，从而出现某个方向上 θ′相数目明显变多并呈现单向排列。Hosford 和 Agrawal[153] 最早研究了 Al-4Cu 合金单晶中析出相的择优分布现象，他们发现无应力时效条件下，三个｛100｝$_{Al}$ 惯习面上的 θ′相均匀析出；当施加一个平行于［001］方向，大小为 48 MPa 的压缩应力于 Al-4Cu 单晶上并于 210℃ 时效 20 h 后，（010）$_{Al}$ 和（100）$_{Al}$ 惯习面上的 θ′相优先析出，而（001）$_{Al}$ 惯习面上 θ′相被抑制；当施加一个相同方向和大小的拉伸应力时，（001）$_{Al}$ 上的 θ′相优先形成，而（010）$_{Al}$ 和（100）$_{Al}$ 上的 θ′相被抑制析出。但 Hosford 等人并未解释应力对 θ′相优先析出的影响是在形核阶段还是在生长阶段。为此，Eto 等人[99] 研究了 Al-4Cu 合金单晶在低于 180℃ 下的应力时效，他们发现在该时效温度下，GP 区和 θ′相都受到了位向效应的影响而呈现单列分布的趋势，比如沿着［001］方向的拉伸应力促进（010）$_{Al}$ 和（100）$_{Al}$ 上的 GP 区和 θ′相形成，而压缩应力促进（001）$_{Al}$ 上的 GP 区和 θ′相形成。为了更准确解释应力的影响主要在形核阶段，Eto 等人采用了双级时效工艺：80℃（73.5 MPa）时效 x 小时 +170℃（无应力）时效 8 小时。他们发现，应力时效的时间越长，压缩应力促进的（001）$_{Al}$ 上的 GP 区和 θ′相就越多，他们明确提出，加载应力促进部分 Al-4Cu 单晶中的 GP 区优先形成，而这些 GP 区是作为某些惯习面上 θ″相的形核质点，最终生长成各向异性分布的 θ′相。对比 Hosford 和 Eto 的研究可以发现，他们观察到的应力位向效应实验结果完全相反，Eto 等人认为温度是主要的原因，在低于 190℃ 下应力时效，析出相的形核生长才会明显受到应力的主导，当温度高于 190℃ 时，析出相会均匀形核。Sankaran[128] 指出 Hosford 观察到的 θ′相单向分布是由于加载应力引入的位错影响而形成的，加载应力萌生的肖克莱不全位错形成的棱柱型位错环会作为优先形核的质点诱导 θ′相择优分布。Eto 等人认为外应力场与 GP 区的弹性交互作用是影响位向效应的主要原因。

Skrotzki 等人[88] 使用梯形样品研究了加载应力对 Al-5Cu 合金中的 θ′相和 Al-5.75Cu-0.52Mg-0.49Ag 合金中的 Ω 相的影响，应力时效的温度为 160℃，Al-5Cu 合金中包含 GP 区→θ″相→θ′相的完整析出序列，Al-Cu-Mg-Ag 合金中同时出现 S 相和 Ω 相。通过定量分析析出相体积分数、尺寸及数目密度的变化，他们发现位向效应的出现需要达到某一临界应力值，在 160℃ 下 θ′相的临界值为 16~19 MPa，Ω 相的临界值为 120~140 MPa。Skrotzki 等人进一步证实了应力主要影响析出相的形核阶段，且 θ′盘片状析出相优先沿着能降低形核应变能的方向形核，如图1-7所示，2个θ′相单胞与三个Al基体单胞匹配，计算得到的错配度为-5.1%，垂直于Al-Cu合金的压缩应力会减小这种错配能，而拉伸应力会使错配能增大。因此，Skrotzki等人观察到拉伸应力促进沿着拉伸应力方向上的θ′相优先形成，根据TEM观察θ′相的edge-on原理，拉伸应力促进了与拉伸应力平行的惯习面上的θ′相，抑制了与拉应力垂直的惯习面上的θ′相，这与Eto等人的结果一致。至于为何Ω相需要更高的临界应力形成单向分布，Skrotzki等人认为主要有两方面原因：首先，Ω相的惯习面是$\{111\}_{Al}$，沿着[111]方向上Al基体的弹性模量比[100]方向要高20%；其次，Ω相与Al基体的错配度是-9.3%，接近于θ′相的两倍。

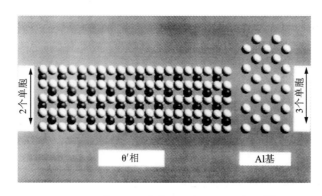

图1-7 θ′相和Al基体匹配的原子示意图[88]

Zhu等人[89]以Al-Cu合金单晶为对象系统地研究了加载应力大小、合金成分及温度对位向效应的影响，并建立了相应的时效强化模型。他们发现随着加载应力从0增加到64 MPa，位向效应对θ′析出相的影响越明显，如图1-8所示。

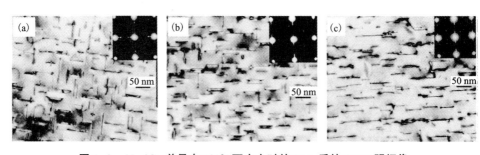

图1-8 Al-4Cu单晶在180℃下应力时效31 h后的TEM明场像

(a)0 MPa；(b)12 MPa；(c)64 MPa[89]

在一定应力范围内(从 0 到 64 MPa)，时效温度越低或者 Cu 含量越高，位向效应对 θ′析出相影响越明显，这主要是由于低温或者高 Cu 含量会促使更多的 GP 区在形核阶段大量形成，而这些 GP 区受应力位向效应的影响最严重，这与 Eto 等人的实验结果相一致。

第 2 章　影响单晶应力时效后
组织与性能的因素

　　本章主要阐述：合金成分对 Al-Cu 合金单晶应力时效后 θ′ 相分布的影响；加载应力大小对应力时效后 Al-Cu，Al-Cu-Mg 及 Al-Cu-Mg-Ag 单晶析出相与性能的影响；加载应力萌生的位错对 Al-Cu 单晶中的 θ′ 相和 Al-Cu-Mg 中 S 相分布的影响；单晶的晶体学取向对应力时效后析出相分布和性能的影响。

2.1　合金成分

2.1.1　不同成分合金单晶时效硬化规律

　　选取制备得到的 Al-2Cu 和 Al-4Cu 单晶为研究对象，研究合金成分对单晶常规时效和应力时效后组织性能的影响。图 2-1 是 Al-2Cu 和 Al-4Cu 单晶在 180℃ 下常规时效的硬化曲线。

　　由图 2-1 可见，整个时效过程中高成分的 Al-4Cu 硬度整体是低成分的 Al-2Cu 的约 2 倍，并且提前达到硬度峰值。Al-4Cu 单晶的时效峰值硬度达到 84 HV，而 Al-2Cu 单晶的峰值硬度只有 49 HV。Al-4Cu 单晶在时效 43 h 附近达到峰值，而 Al-2Cu 单晶在接近 66 h 达到峰值。根据计算析出驱动力 ΔG 的公式（2-1），其中 R 是气体常数，T 是开尔文温度，V_m 是析出相的摩尔体积，x_0 是固溶体中溶质的摩尔分数，x_e 是固溶体与第二相界面处溶质的摩尔分数。

$$\Delta G = \frac{RT}{V_m}\ln\left(\frac{x_0}{x_e}\right) \tag{2-1}$$

　　由于 Al-4Cu 溶质浓度 x_0 高于 Al-2Cu，固溶强化效果更明显。Al-4Cu 合金单晶的 Cu 含量高，析出驱动力 ΔG 必然高于 Al-2Cu，在图 2-1 中表现为初期时效阶段的硬化斜率高于 Al-2Cu。

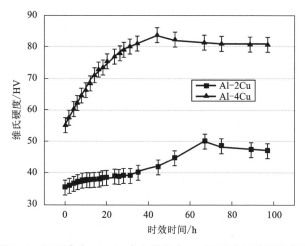

图 2-1 不同成分 Al-Cu 合金单晶在 180℃下的时效硬化曲线

2.1.2 不同成分合金单晶应力时效析出行为

将固溶后的 Al-2Cu 在 180℃下时效 66 h，并在透射电镜下观察单晶常规时效后 θ′析出相的分布情况，如图 2-2 所示。

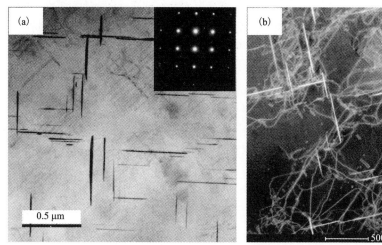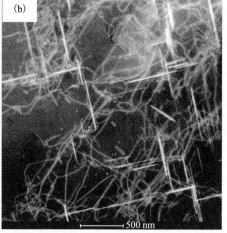

图 2-2 Al-2Cu 单晶在 180℃常规时效 66 h 后<001>Al 晶带轴下的明场像 TEM 以及
HADDF-STEM 显微组织照片

（a）BF TEM 及对应的衍射花样；（b）HADDF-STEM 显微组织照片

同样的固溶状态下，Al-2Cu 单晶加载 40 MPa 应力下在 180℃时效 66 h，并采用透射电镜表征单晶体在外加应力下时效后，θ′析出相的尺寸与分布，如图 2-3 所示。加载应力时效后，析出相相比常规无应力时效状态更弥散，析出相的尺寸也更细小，但是不同方向上析出相的分布并不均匀。Hosford，Eto，Zhu[89, 99][153] 等都对 Al-Cu 合金中在外加应力下时效后，θ′析出相分布的各向异性进行了研究，与图 2-3(a)的结果一致，都是某一方向如 θ∥方向析出较多，θ⊥方向析出较少，即析出相位向效应。

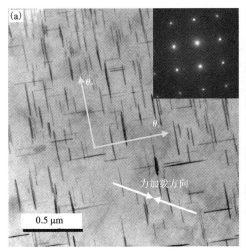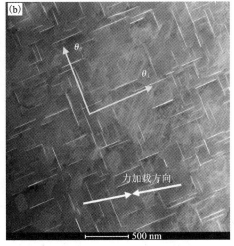

图 2-3　Al-2Cu 单晶加载 40 MPa 应力在 180℃下时效 66 h 后<001>Al 晶带轴下的明场像 TEM 以及 HADDF-STEM 显微组织照片

(a)BF TEM 及对应的衍射花样；(b)HADDF-STEM 显微组织照片

将固溶后 Al-4Cu 合金单晶在加载 40 MPa 压缩应力的条件下，于 180℃下时效 66 h，并在透射电镜下观察单晶应力时效后 θ′析出相的分布情况。与 Al-2Cu 单晶 40 MPa 应力时效后 θ′析出相分布的对比如图 2-4 所示。

首先，由于高合金成分固溶态单晶具有更高的固溶度，时效过程中能提供更高的析出驱动力，所以 Al-4Cu 单晶中 θ′析出相的体积分数远高于 Al-2Cu，图 2-4(a)中析出相明显更为密集且尺寸细小。其次，Al-4Cu 单晶中析出相位向效应的程度比 Al-2Cu 要严重，这与 Zhu 的实验结果一致。高 Cu 含量的单晶在应力时效过程中更容易形成大量 G. P. 区或者 θ″相，加载应力时效过程中，应力诱导垂直加载应力惯习面上的 G. P. 区优先形核，随着时效时间延长，析出相逐渐单向排列生长，最后生长为各向异性分布的 θ′或者 θ 析出相。Cu 含量越高，相同应力时效制度下析出相单向分布更严重。

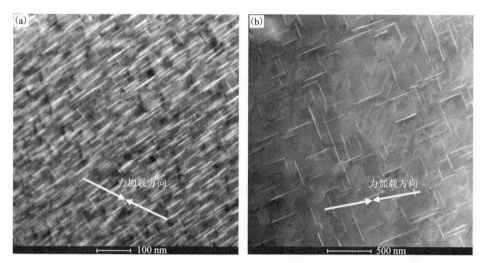

图 2-4　单晶加载 **40 MPa** 应力在 180℃下时效 **66 h** 后<001>Al 晶带轴下的
HADDF-STEM 显微组织照片

（a）Al-4Cu；（b）Al-2Cu

2.2　应力的影响

Hosford 和 Agrawal[153] 最早研究了 Al-4Cu 合金单晶中析出相的择优分布现象，发现压应力促进 θ′ 相在垂直应力方向的惯习面上析出。Eto 等人[99] 在研究 Al-4Cu 合金单晶在较低温度下应力时效时却发现 θ′ 相优先在平行于压应力方向的惯习面上析出，他们从应力影响错配度的角度解释了位向效应。Skrotzki 等[88] 在研究 Al-5Cu 合金拉应力时效时发现位向效应的出现有一个临界应力值，在 160℃时效临界值为 16~19 MPa，并通过理论计算证明了压应力能促进与基体有负错配度的 θ′ 相在与力垂直的惯习面上优先形核，从而出现位向效应。

2.2.1　对 θ′ 相的影响

选取面取向为(-1, 1, 6)的 Al-Cu 单晶(单晶为淬火态)，图 2-5 是 EBSD 测定 Al-2Cu 合金单晶晶体取向得到的 IPF 图，将单晶平均分为四组试样，垂直单晶晶面取向，即从[-1, 1, 6]方向加载 0(不加载应力)、15 MPa、40 MPa 和 60 MPa 的压缩应力的同时进行时效。图 2-6 是面取向为(-1, 1, 6)的单晶时效后的压缩屈服强度随着时效中外加应力大小变化的曲线，对于确定晶体学取向的 Al-

2Cu 合金单晶体，时效中外加应力从 15 MPa 增大到 60 MPa，应力时效后的屈服强度从 101 MPa 下降到 86 MPa。由于外加应力的位向效应导致析出相分布各向异性，从而使材料的力学性能出现各向异性，且强度下降。

图 2-7 是(-1, 1, 6)取向的单晶经无应力人工时效及 15 MPa、40 MPa 和 60 MPa 应力时效后的 TEM 照片，图 2-7 中的析出相分布结果表明当外加应力逐渐从 0 增大到 60 MPa 时，$\theta_\parallel$ 方向的析出相逐渐增多，而 $\theta_\perp$ 方向的析出相数目比例减少。θ′析出相分布呈各向异性，即位向效应越来越严重。

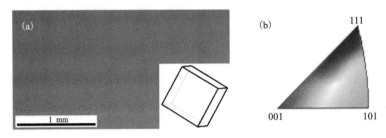

图 2-5 Al-2Cu 单晶晶体取向 IPF 图

（a）EBSD 测定 Al-2Cu 合金单晶晶体取向得到的 IPF 图；（b）IPF 图的标尺

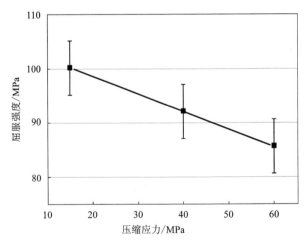

图 2-6 面取向为(-1, 1, 6)的单晶经 15 MPa，40 MPa，60 MPa 压缩应力时效后屈服强度的变化

Al-2Cu 合金单晶加载应力下时效，相比无应力时效处理的单晶，析出相在某一方向上分布较多，另一方向上分布较少，析出相分布不均匀。析出相的单向分布会影响材料的力学性能，析出相与力学性能的关系可以用 Orowan 方程表达，见式(2-2)。

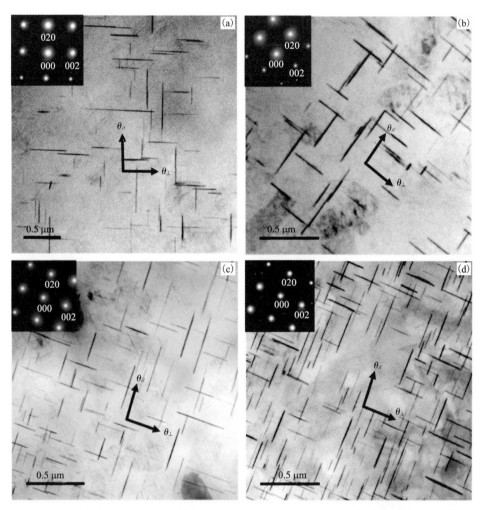

图 2-7　面取向为 (-1, 1, 6) 的单晶经 180℃/66 h 后在 <001>Al 轴下的 TEM 明场像

(a) 0 MPa 人工时效；(b) 15 MPa 应力时效；(c) 40 MPa 应力时效；(d) 60 MPa 应力时效

$$\tau_p = \frac{Gb}{2\pi\lambda\sqrt{(1-v)}}\ln\frac{d_p}{r_0} \qquad (2-2)$$

式中，τ_p 是位错绕过不可切割析出相所产生的强化分量；G 是材料的切变模量；b 是位错的柏氏矢量；v 是材料的泊松比；λ 是析出相相对位错滑移面的等效面间距；d_p 是析出相的平均直径；r_0 是位错的曲率半径。Zhu 等在经典 Orowan 方程的基础上对 {100} 面上 θ′ 相的析出强化作用进行了修正，改进的模型见式 (2-3)。

$$\tau_p = 0.13G \frac{b}{(D_p t_p)^{1/2}}[f_v^{1/2}+0.75(D_p/t_p)^{1/2}f_v+0.14(D_p/t_p)f_v^{3/2}]$$

$$\ln \frac{0.87(D_p t_p)^{1/2}}{r_0} \tag{2-3}$$

其中，D_p 是析出相的平均半径；t_p 是析出相的平均厚度，f_v 是析出相的体积分数。式（2-3）的模型是无应力时效析出后，惯习面为 $\{100\}_{Al}$ 的 θ′析出相的强化效果。当析出相呈现单向分布时，式（2-3）修正为式（2-4）。

$$\tau_p = 0.13G \frac{b}{(D_p t_p)^{1/2}}[f_v^{1/2}+0.74(D_p/t_p)^{1/2}f_v+0.047(D_p/t_p)f_v^{3/2}]$$

$$\ln \frac{0.87(D_p t_p)^{1/2}}{r_0} \tag{2-4}$$

从式（2-4）和（2-3）的对比可以看出，析出相单向分布的强化效果弱于均匀析出。因此，随着加载应力的增大，Al-Cu 合金单晶中析出相分布位向效应越严重，力学性能随之下降。

2.2.2　对 S 相的影响

制备了 Al-1.23Cu-0.43Mg（w）合金单晶，置于 525℃下固溶处理 2 h 后，然后水淬，在 180℃下时效的同时分别加载 0，30 MPa 和 50 MPa 的压缩应力。采用 EBSD 测定了 Al-Cu-Mg 单晶的晶体学取向，如图 2-8 所示。

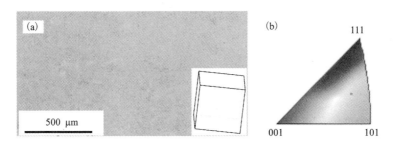

图 2-8　Al-Cu-Mg 单晶晶体取向 IPF 图

（a）EBSD 测定 Al-Cu-Mg 合金单晶晶体取向得到的 IPF 图；（b）IPF 图的标尺

选择晶体取向为 hkl（-4，-1，11）uvw [8，1，3] 的 Al-Cu-Mg 单晶进行研究。其中压缩应力加载的方向垂直于单晶晶面取向，即 [-4，-1，11]。Al-1.2Cu-0.5Mg 合金单晶在 180℃下的时效硬化曲线如图 2-9 所示，根据单晶时效硬化曲线，确定时效工艺为 180℃/66 h。

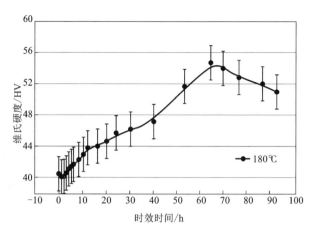

图 2-9　Al-1.2Cu-0.5Mg 合金单晶在 180℃下的时效硬化曲线

分别加载 0，30 MPa 和 50 MPa 的压缩应力，时效后 S 相的 TEM 照片如图 2-10，图 2-11，图 2-12 所示，S 析出相的分布情况差别很大。同一样品统计了约 15 张 TEM 照片，明场像中横纵分布的 S 相数目列入对应表 2-1 中。

图 2-10　无应力时效后 Al-Cu-Mg 单晶的 TEM

(a) $[100]_{Al}$ 晶带轴；(b) 对应的衍射斑点

单晶经无应力人工时效后 $[100]_{Al}$ 晶带轴下 S 相的两个变体的分布数目相差不大，数目比例为 1∶1，TEM 见图 2-10。单晶在 30 MPa 的外加应力下时效，$[100]_{Al}$ 晶带轴下 S 相的两个变体数目明显不同，如图 2-11 所示，大部分 S 相沿着 [010] 方向分布，零星几个 S 相在 [001] 方向出现，$[010]_{S}$∶$[001]_{S}$ = 905∶50 = 18.1∶1，析出相择优分布明显，出现位向效应。单晶在 50 MPa 压应力下时效，

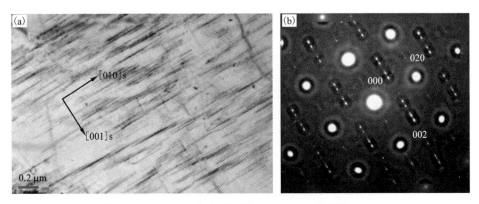

图 2-11　30 MPa 应力时效后 Al-Cu-Mg 单晶的 TEM

(a)[100]$_{Al}$晶带轴；(b)对应的衍射斑点

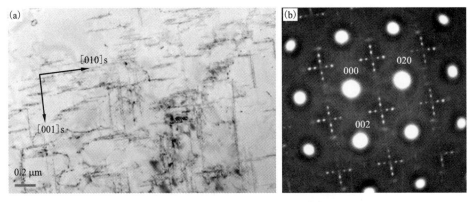

图 2-12　50 MPa 应力时效后 Al-Cu-Mg 单晶的 TEM

(a)[100]$_{Al}$晶带轴；(b)对应的衍射斑点

如图 2-12 所示，[100]$_{Al}$晶带轴下的 TEM 照片中[010]$_s$∶[001]$_s$=388∶300=1.29∶1，[001]方向上 S 相数目比例相对 30 MPa 下应力时效增多，S 相的位向效应减弱。

表 2-1　单晶在不同加载应力下时效后 S 相的分布

加载应力	0	30 MPa	50 MPa
统计 S 相数目比	431∶409	905∶50	388∶300
[010]$_s$∶[001]$_s$	1∶1	18.1∶1	1.29∶1

2.2.3　对 Ω 相的影响

为了方便研究单向加载力的大小对时效中 Ω 相析出的影响，以制备的大尺寸的 Al-Cu-Mg-Ag 合金单晶为研究对象。自熔的 Al-Cu-Mg-Ag 合金的成分如表 2-2 所示，$w(\text{Cu})/w(\text{Mg})$ 控制在 8 以上，以保证大量 Ω 相的析出。采用 EBSD 测定了 Al-Cu-Mg-Ag 单晶的晶体学取向，如图 2-13 所示。

表 2-2　Al-Cu-Mg-Ag 合金成分

元素	Cu	Mg	Ag	Fe	Si	Mn	Zn	Al
$w/\%$	1.960	0.240	0.180	0.012	0.032	0.003	0.054	余量

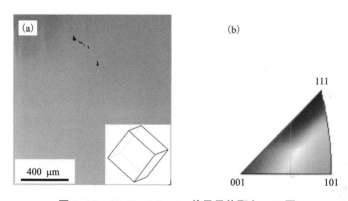

图 2-13　Al-Cu-Mg-Ag 单晶晶体取向 IPF 图

(a)EBSD 测定 Al-Cu-Mg-Ag 合金单晶晶体取向得到的 IPF 图；(b)IPF 图的标尺

测定单晶的晶体学取向为 (-2, 1, 5)[22, 19, 5]，应力时效过程中应力垂直加载于单晶晶面，即应力方向为 [-2, 1, 5]。测定了 Al-Cu-Mg-Ag 单晶在 180℃ 的时效硬化曲线如图 2-14 所示，根据时效硬化曲线，确定时效工艺为 180℃/53 h。

Al-Cu-Mg-Ag 合金单晶经 180℃/53 h 的无应力人工时效后，透射照片及对应的衍射斑点如图 2-15 所示。从 <110>$_{\text{Al}}$ 晶带轴观察到两个方向的 Ω 析出相，分别用 $(111)_{\Omega}$ 和 $(1\bar{1}1)_{\Omega}$ 来表示，两个方向的 Ω 析出相分布数目相同。

Al-Cu-Mg-Ag 合金单晶在 50 MPa 的压缩应力下，经 180℃/53 h 的人工时效后，透射照片及对应的衍射斑点如图 2-16 所示。从 <110>$_{\text{Al}}$ 晶带轴观察两个方向 Ω 析出相的分布，发现 $(111)_{\Omega}$ 和 $(1\bar{1}1)_{\Omega}$ 的数目相差不大，但是总体 Ω 析出相的面密度小于图 2-15 中无应力时效状态。

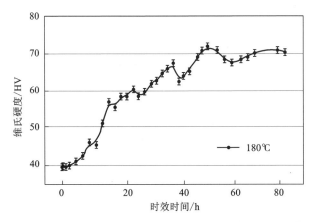

图 2-14　Al-Cu-Mg-Ag 合金单晶在 180℃下的时效硬化曲线

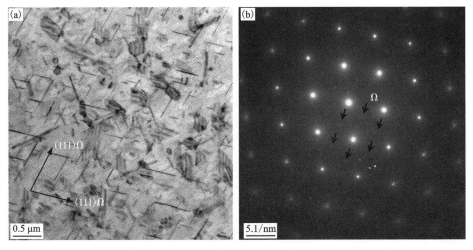

图 2-15　Al-Cu-Mg-Ag 合金单晶在 180℃下无应力时效 53 h
(a)<110>$_{Al}$ TEM 照片；(b) 对应的衍射斑点

　　在图 2-16(a) 中可以看到，除了两个方向的 Ω 析出相外，还有其他方向的析出相出现，从析出相的形貌可以判断，这种析出相是盘片状的 θ' 相或者板条状的 S 相。透射电镜中观察 θ' 相和 S 相的晶带轴一般选择<100>$_{Al}$ 轴，图 2-16(b) 是<100>$_{Al}$ 晶带轴下的 STEM 照片。在 STEM 照片中相的衬度与原子序数正相关，原子序数越高，相越明亮。图 2-16(b) 中横轴交叉的析出相即为 θ' 相和 S 相，析出相的具体分布方向参看图中标识。为了进一步确定及验证，对图 2-16 中的析出相进行了面扫描，能谱面扫描的结果如图 2-17，图 2-18 和图 2-19 所示。

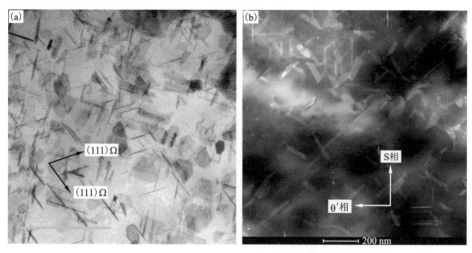

图 2-16　Al-Cu-Mg-Ag 合金单晶在 50 MPa 下于 180℃时效 53 h

（a）<110>$_{Al}$ TEM 照片；（b）<100>$_{Al}$ STEM 照片

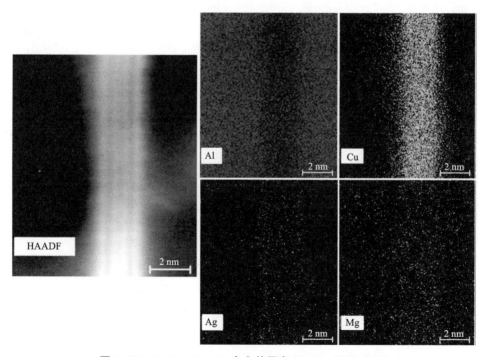

图 2-17　Al-Cu-Mg-Ag 合金单晶在 50 MPa 下于 180℃

时效 53 h 后<110>$_{Al}$ TEM 照片中 Ω 析出相的能谱面扫描结果

图 2-17 是 Ω 析出相的能谱面扫描结果，左边大图是 Ω 析出相的 HAADF(扫描透射高角环行暗场相)形貌，右边是 Al、Cu、Mg 和 Ag 四种元素的分布及数目密度。Ag 原子在 Ω 析出相两侧富集，起到促进相析出的作用，Ω 析出相主要为 Al$_2$Cu，不含有 Mg 原子。

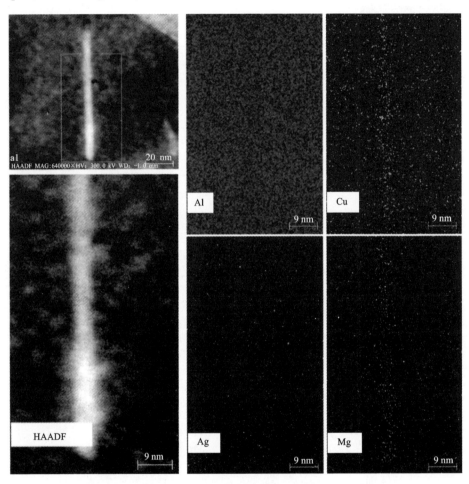

图 2-18　Al-Cu-Mg-Ag 合金单晶在 50 MPa 下于 180℃
时效 53 h 后<100>$_{Al}$STEM 照片中 S 析出相的能谱面扫描结果

图 2-18 是图 2-15(b)中 S 析出相的能谱面扫描结果，左边大图是板条状 S 相的 HAADF 形貌，从右边 Al、Cu、Mg 和 Ag 四种元素分布图可以看出，Cu 和 Mg 的含量接近 1∶1，相周围没有 Ag 的聚集，符合 S 析出相 Al$_2$CuMg 的成分配比。

图 2-19 是图 2-15(b)中 θ′析出相的能谱面扫描结果，左边大图是盘片状 θ′相的 HAADF 形貌，从右边 Al、Cu、Mg 和 Ag 四种元素分布图可以看出，相周围

只有 Al 和 Cu 元素的富集，符合 θ′析出相 Al$_2$Cu 的成分配比。

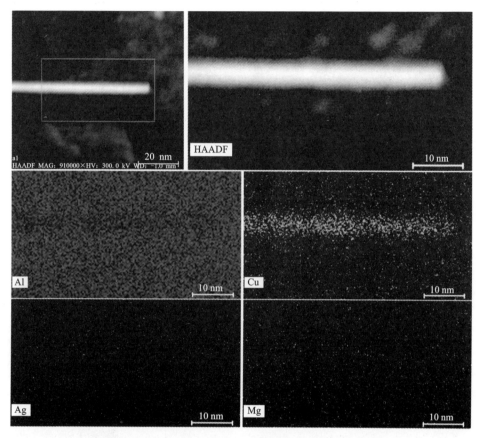

图 2-19　Al-Cu-Mg-Ag 合金单晶在 50 MPa 下于 180℃
时效 53 h 后<100>$_{Al}$STEM 照片中 θ′析出相的能谱面扫描结果

　　Al-Cu-Mg-Ag 合金单晶 50 MPa 下应力时效相比常规无应力时效，其析出相的分布有明显区别。加载应力下时效，Ag 原子的扩散受到抑制，使原本扩散到相两侧起促进 Ω 析出相形核生长作用的 Ag 的分布受到影响。对于 $w(Cu)/w(Mg)>8$ 的 Al-Cu-Mg-Ag 合金，更易形成 θ′析出相；与此同时，多余 Mg 的扩散形成 S 析出相。加载应力下时效，使 Al-Cu-Mg-Ag 单晶中 Ω 析出相的体积分数减少。

2.3　位错的影响

　　时效过程中，位错提供析出相优先形核的质点，并作为扩散的通道，加速位错附近析出相的生长。关于位错对析出行为的影响已有大量研究，但是应力时效过程中，加载应力萌生的位错对析出相位向效应的影响鲜有报道。本小节研究了位错对应力时效下 Al-Cu 合金中 θ′相和 Al-Cu-Mg 合金中 S 相析出行为的影响。

2.3.1 对 θ′相的影响

选择晶体学面取向为(3, 2, 25)的 Al-4Cu 单晶在 180℃下应力时效 66 h，加载的压缩应力 σ_c 大小为 40 MPa，应力垂直加载，方向为[3, 2, 25]，如图 2-20 所示意。通过透射电镜 HRTEM 观察发现，有尺寸相差较大的两种析出相出现，如图 2-21 所示。

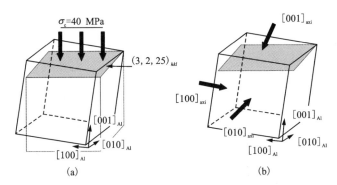

图 2-20　面取向为(3, 2, 25)的 Al-4Cu 单晶加载 40 MPa 应力下时效

(a)力加载方向和晶体学取向关系示意图；(b)透射电镜下从三个晶带轴方向观察的示意图

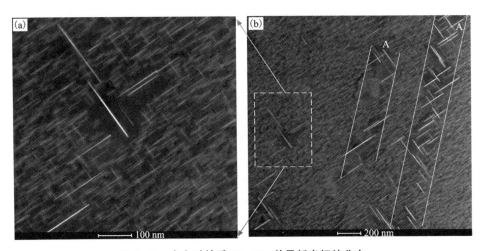

图 2-21　应力时效后 Al-4Cu 单晶析出相的分布

(a)两种尺寸相差较大的析出相；(b)细小弥散的 θ″相和沿着位错生长的 θ′相

40 MPa 的加载应力达到铝合金单晶体位错萌生所需的最小临界分切应力（CRSS），如纯铝室温下发生滑移的 CRSS 值仅为 0.79 MPa。应力时效初期滑移产生的位错为析出相提供了优先形核的质点，G. P. 区优先在位错周围形核。此时，位错对形核的影响超过加载应力场对析出相定向形核的影响，析出相在位错周围的生长基本不受外加应力场的影响，两个方向析出相数目基本相同。同时，由于位错提供线扩散通道，位错附近析出相生长较快，最先析出生长为沿着位错的 θ′ 相 [如图 2-21(b) 中 A 区域所标示]。而 Al 单晶内其他位置析出的过程只受外加应力场的影响，析出的 θ″ 相由于应力位向效应，呈各向异性分布。

2.3.2　对 S 相的影响

Al-Cu-Mg 单晶在 50 MPa 压应力下时效，如图 2-12 所示，$[100]_{Al}$ 晶带轴下的 TEM 照片中 $[010]_S : [001]_S = 388 : 300 = 5 : 4$，$[001]$ 方向上 S 相数目相对 30 MPa 下应力时效增多，S 相的位向效应减弱。

应力时效中当外加应力 σ 超过某一值，或者位错滑移系上的分切应力 τ 大于 Schmid 定律计算得到的临界剪切应力 τ_c 时，如式 (2-5)，外加应力引起位错滑移。

$$\tau = \sigma \cdot \cos\theta \cdot \cos\lambda \geq \tau_c \tag{2-5}$$

从 $[112]_{Al}$ 晶带轴下的 TEM 图片更能明显表征位错对 S 析出相分布的影响，如图 2-22 所示。Al-Cu-Mg 合金单晶体在无应力时效后和外加 30 MPa 应力下时效后 $[112]_{Al}$ 晶带轴下的 TEM 图分别如图 2-22(a) 和图 2-22(b) 所示，两组 TEM 中 S 相尺寸相差不大，30 MPa 应力时效后 S 相表现出明显的单向分布。图 2-22(c) 为 Al-Cu-Mg 合金单晶在 50 MPa 下应力时效 66 h 后的 TEM 图片，大量密集细小的 S 相沿着螺形位错形核生长，析出相分布也呈现出螺形分布，图 2-22(d) 是图 2-22(c) 局部放大图，可以看到在同一螺形位错上生长的 S 相都为同一方向的 S 相变体，大量交杂的螺型位错提供析出相优先形核的质点，促使 S 析出相在 50 MPa 下应力时效后析出相分布趋于均匀。

不同于 Al-Cu 单晶应力时效时 θ′ 相的位向效应随加载应力增大而更严重的现象，Al-Cu-Mg 单晶应力时效当加载应力足够大时，如 50 MPa，S 相的位向效应反而得到抑制。在 TEM 照片中观察到 50 MPa 下应力时效大量 S 相沿着螺形位错析出，因此应力产生的位错能够抑制 Al-Cu-Mg 单晶应力时效中 S 相的位向效应。对不同的合金，位错能否起到抑制作用与析出惯习面和位错滑移面的交线数目及长度有关。

通过图 2-23 中的对比发现，位错对 S 相和 θ′ 相析出的影响不同主要取决于位错滑移面与析出相惯习面的几何关系，S 相的析出惯习面为 $\{012\}_{Al}$，θ′ 相的析

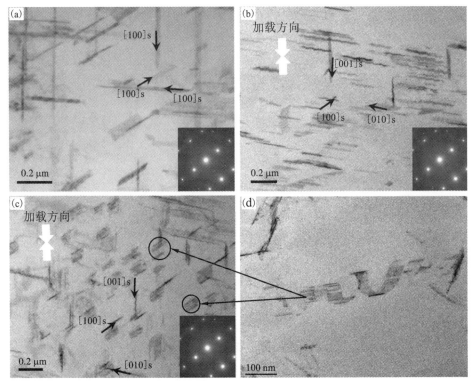

图 2-22   Al-1.2Cu-0.5Mg 合金 TEM 图片

(a) Al-1.2Cu-0.5Mg 合金单晶体于 180℃下常规时效 66 h 后从 [112]$_{Al}$ 晶带轴下的 TEM 明场像及其衍射花样，三个方向的 S 析出相 [100]$_s$，[010]$_s$ 和 [001]$_s$ 如图中箭头所指；(b) 单晶在 180℃/30 MPa 下应力时效 66 h 后 [112]$_{Al}$ 晶带轴下 TEM 图片；(c) 单晶在 180℃/50 MPa 下应力时效 66 h 后 [112]$_{Al}$ 晶带轴下 TEM 图片；(d) 在 (c) 中 S 相在螺位错上密集析出的局部放大图

出惯习面为 {100}$_{Al}$。不同的惯习面在单位体积内与 Al 基体位错滑移面 {111} 的交线数量差别较大，一个晶格单元内共有 12 个 {012} 面，3 个 {100} 面，S 相的 {012} 面与 {111} 面的交线会明显多于 θ′ 相的 {100} 面，见图 2-23。位错影响析出的程度可以采用惯习面与滑移面的交线来表示，交线数目越多，位错对析出相分布的影响就越明显，图 2-23(a) 是 (111) 面和 12 个 {012} 面的交线，图 2-23(b) 是 (111) 面和 3 个 {100} 面的交线。假设单位 Al 基体长度为 1，计算得到图 2-23(c) 中 4 个 {111} 面与 12 个 {012} 面的交线总长度为 37.15，图 2-23(d) 中 4 个 {111} 面与 3 个 {100} 面的交线总长度为 8.49。因此，在 50 MPa 下应力时效，不考虑晶体学取向的影响，Al-1.2Cu-0.5Mg 合金单晶和 Al-Cu 合金单晶中位错密度相近，

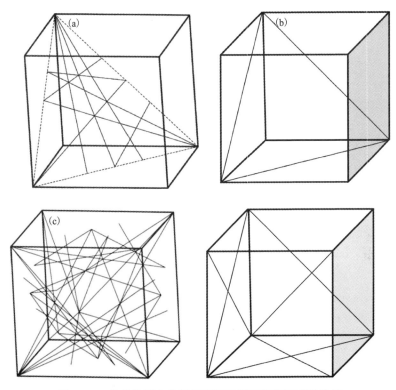

图 2-23　单位体积内位错滑移面和析出相惯习面的交线

(a)(111)位错滑移面与 S 相的 12 个{012}$_{Al}$ 惯习面的交线；(b)(111)位错滑移面与 θ′相的 3 个
{100}$_{Al}$ 惯习面的交线；(c)4 个{111}位错滑移面与 S 相的 12 个{012}$_{Al}$ 惯习面的交线；(d)4 个
{111}位错滑移面与 θ′相的 3 个{100}$_{Al}$ 惯习面的交线。

可是 S 相的{012}惯习面与位错滑移面{111}的交线总长度将是 θ′相{100}惯习面
与位错滑移面{111}面交线总长度的 4 倍之多，位错对 Al-Cu-Mg 单晶中 S 析出
相的影响更显著，而且影响析出的效果是 Al-Cu 单晶 θ′相的 4 倍之多。

对于 Al-Cu 合金单晶体，高应力下时效，θ′相的位向效应受位错的影响较
小；但是，Al-1.2Cu-0.5Mg 合金中，位错对析出的影响显著，随着外加应力的增
大，更多的 S 相在螺位错上优先生长(如图 2-12 中的[001]$_S$ 比图 2-11 中的
[001]$_S$ 明显增多)，S 相的位向效应得到抑制，分布趋于均匀。

2.4 晶体取向的影响

应力时效中，晶体学取向决定了加载应力的方向。从不同方向施加应力，析出相惯习面受力大小，以及面心立方金属中位错滑移面上的受力也不一样。因此，晶体学取向对应力时效后合金中析出相微观组织的分布产生影响，进而影响合金时效后的析出强化效果。本小节以制备的具有多种晶体学取向的 Al-Cu，Al-Cu-Mg 合金单晶为研究对象，研究晶体取向对应力时效后析出相分布及其强化效果的影响。

2.4.1 Al-Cu 合金单晶

选取 5 种不同面取向的 Al-Cu 单晶进行应力时效，单晶的面取向分别为 $(-1, -2, 6)$，$(3, 1, 3)$，$(-1, 3, 3)$，$(-1, 1, 6)$ 和 $(-1, -4, 6)$，EBSD 测定取向的结果如图 2-24 所示。垂直单晶晶面施加 40 MPa 的压缩应力，同时在 180℃下时效 66 h。

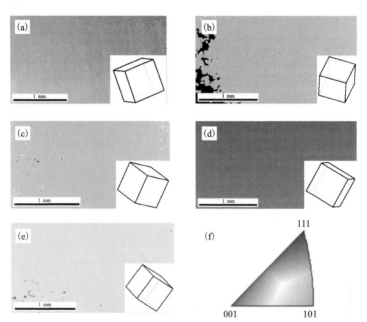

图 2-24 EBSD(电子背散射衍射)测定 Al-2Cu 合金单晶晶体取向得到的 IPF 图
(a)取向为(175°，21°，206°)或{hkl}面取向(-1，-2，6)；(b)取向为(267°，44°，72°)或{hkl}面取向(3，1，3)；(c)取向为(347°，46°，343°)或{hkl}面取向(-1，3，3)；(d)取向为(4°，13°，326°)或{hkl}面取向(-1，1，6)；(e)取向为(133°，35°，192°)或{hkl}面取向(-1，-4，6)；(f)IPF 图的取向标尺

Al-2Cu 合金单晶于 40 MPa 下经 180℃/66 h 时效后，硬度和压缩屈服强度随晶体取向的变化见图 2-25。可见，硬度和屈服强度随面取向的变化趋势相同，(-1, 3, 3)面取向的 Al-2Cu 单晶屈服强度最低，而(-1, 1, 6) 面取向的单晶屈服强度最高。晶体学取向对应力时效后 θ'析出相的强化效果有明显影响，从不同方向施加应力，θ'析出相的惯习面{100}$_{Al}$受到的压缩应力分量不同，导致析出相出现位向效应的程度不同，力学性能受到析出相分布的影响也不一样。

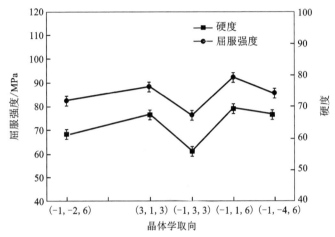

图 2-25　5 种不同晶体学取向的 Al-2Cu 单晶
在 40 MPa 下应力时效后硬度、屈服强度

在透射电镜下，从<001>$_{Al}$晶带轴观察了 Al-2Cu 合金单晶体应力时效后的明场像，如图 2-26 所示。从图中可以看到不同取向 Al-2Cu 单晶体应力时效后，θ$_{//}$方向和 θ$_⊥$方向的析出相分布有明显差别。接近于析出相惯习面{100}$_{Al}$的(-1, -2, 6)面取向单晶体，θ$_{//}$方向的析出相明显多于 θ$_⊥$方向；而(3, 1, 3)和(-1, -4, 6)面取向的单晶体，θ$_{//}$和 θ$_⊥$方向的析出相数目基本相同。

2.4.2　Al-Cu-Mg 合金单晶

选取 5 种不同面取向的 Al-1.2Cu-0.5Mg 合金单晶进行应力时效，单晶的面取向分别为(1, -1, 8)，(-1, -2, 5)，(3, 5, 6)和(3, 1, 9)，EBSD 测定取向的结果如图 2-27 所示。

4 组不同取向的 Al-1.2Cu-0.5Mg 单晶分别在无应力，30 MPa 和 50 MPa 的应力下经 180℃/66 h 时效，硬度变化如图 2-28 所示。面取向(-1, -2, 5)，(3, 5, 6)和(3, 1, 9)的单晶经不同应力时效后硬度的变化趋势基本一致，表现为时效后单晶硬度随着加载应力的增大而增大；而面取向(1, -1, 8)的单晶硬度随加

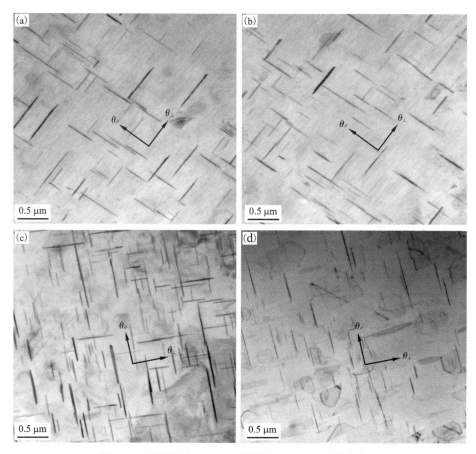

图 2-26　不同取向 Al-2Cu 单晶在 40 MPa 压缩应力下
经 180℃/66 h 时效后 $<100>_{Al}$ 轴下的 TEM 明场像

(a)(3, 1, 3)；(b)(-1, -4, 6)；(c)(-1, -2, 6)；(d)(-1, 3, 3)

载应力的增长最缓慢。30 MPa 和 50 MPa 下应力时效后，(3, 5, 6)面取向单晶的硬度值始终高于其他三种取向，(1, -1, 8)面取向单晶硬度值最低。从图 2-28 硬度结果可以看出，晶体学取向对 50 MPa 应力时效的单晶试样影响最大，(3, 5, 6)面取向的 Al-1.2Cu-0.5Mg 单晶应力时效后硬度值达到 78 HV，而(1, -1, 8)面取向的单晶只有 67 HV。

　　从 $[112]_{Al}$ 晶带轴下观察了(1, -1, 8)取向的 Al-1.2Cu-0.5Mg 单晶经 30 MPa 和 50 MPa 应力时效后的 S 析出相，如图 2-29 所示。面取向为(3, 5, 6)的单晶应力时效后的透射照片如图 2-30 所示。$[112]_{Al}$ 晶带轴下可表征沿着三个方向生长的 S 析出相，分别为 $[100]_S$，$[010]_S$ 和 $[001]_S$。图 2-29 中析出相分

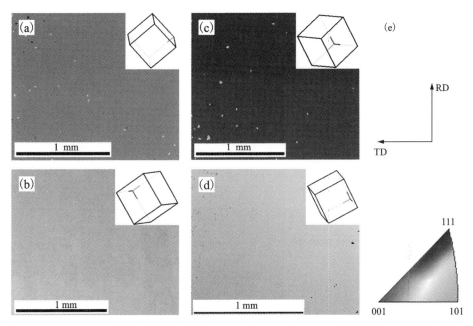

图 2-27　EBSD(电子背散射衍射)测定 Al-1.2Cu-0.5Mg 合金单晶晶体取向得到的 IPF 图
(a)取向为(275°, 11°, 127°)或{hkl}面取向(1, -1, 8);(b)取向为(189°, 25°, 203°)或{hkl}面取向(-1, -2, 5);(c)取向为(356°, 43°, 33°)或{hkl}面取向(3, 5, 6);(d)取向为(314°, 20°, 73°)或{hkl}面取向(3, 1, 9);(e)IPF 图的取向标尺

布的结果表明,随着外加应力从 30 MPa 增大到 50 MPa,S 析出相的尺寸越来越细小,分布越来越弥散。(1, -1, 8)和(3, 5, 6)取向的单晶在相同应力下时效,析出相分布有明显差异。(1, -1, 8)取向单晶中[001]$_S$方向的 S 析出相数目极少,而(3, 5, 6)取向的单晶[100]$_S$,[010]$_S$ 和[001]$_S$ 三个方向上析出相数目均等,且析出相密集程度大于(1, -1, 8)取向单晶。

　　Al-Cu-Mg 单晶的晶体学取向不同,加载应力在 12 个{012}-S 析出相惯习面上的应力分量也不同,导致某些 S 相变体的优先析出,而其他 S 相变体的析出受到抑制。从而出现在 TEM 照片中,(1, -1, 8)取向单晶[001]$_S$ 方向上的 S 析出相数目极少,(3, 5, 6)取向的单晶[100]$_S$,[010]$_S$ 和[001]$_S$ 三个方向上析出相数目均等。析出相分布的不均匀会影响时效的强化效果,因此,(1, -1, 8)面取向单晶硬度值最低。

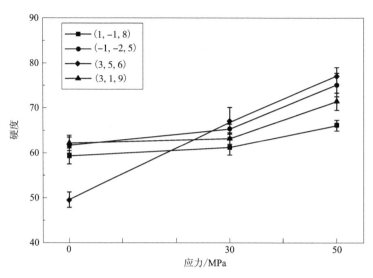

图 2-28　4 种不同晶体学取向的 Al-1.2Cu-0.5Mg 单晶

在 0，30 MPa 和 50 MPa 下应力时效后的硬度

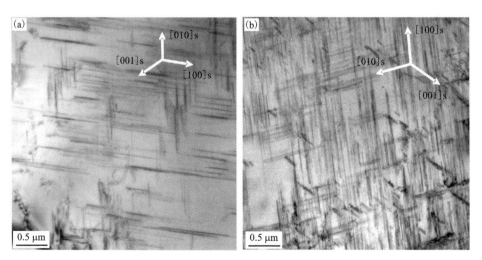

图 2-29　面取向为(1，−1，8)的 Al-1.2Cu-0.5Mg 单晶

应力时效后在<112>$_{Al}$ 轴下的 TEM 明场像

(a)30 MPa 应力时效；(b)50 MPa 应力时效

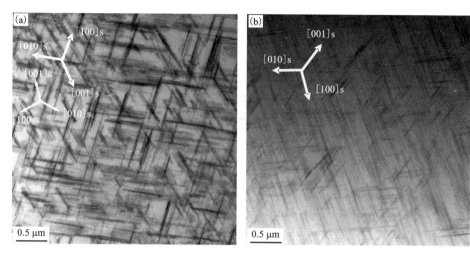

图 2-30 面取向为(3，5，6)的 Al-1.2Cu-0.5Mg 单晶
应力时效后在<112>$_{Al}$ 轴下的 TEM 明场像

(a)30 MPa 应力时效；(b)50 MPa 应力时效

2.5 本章小结

(1)合金成分影响应力时效后析出相的分布，对比分析 Al-2Cu 单晶和 Al-4Cu 单晶在 180℃下常规时效的硬化曲线，由于 Al-4Cu 合金单晶的 Cu 含量高，析出驱动力 ΔG 必然高于 Al-2Cu，整个时效过程中高成分的 Al-4Cu 硬度整体是低成分的 Al-2Cu 的约 2 倍，并且提前达到硬度峰值。同样地，应力时效后，Al-4Cu 单晶中 θ′析出相的体积分数远高于 Al-2Cu，且 θ′析出相明显更为密集且尺寸细小。其次，由于高 Cu 含量的单晶在应力时效过程中更容易形成大量 G.P. 区或者 θ″相，加载应力时效过程中，应力诱导垂直加载应力惯习面上的 G.P. 区优先形核，Al-4Cu 单晶中析出相位向效应的程度比 Al-2Cu 要严重。

(2)Al-Cu 合金单晶应力时效，当加载力逐渐增大(从 0 到 60 MPa)时，θ$_{/\!/}$方向的析出相逐渐增多，而 θ$_{\perp}$方向的析出相数目比例减少。θ′析出相分布呈各向异性，即位向效应越来越严重。确定取向的 Al-2Cu 单晶，当外加应力从 15 MPa 增大到 60 MPa，应力时效后材料的屈服强度从 101 MPa 降低至 86 MPa。Al-Cu-Mg 合金单晶经无应力人工时效后[100]$_{Al}$ 晶带轴下 S 相的两个变体的分布数目基本相同，比例接近 1∶1。Al-Cu-Mg 单晶在 30 MPa 下应力时效，[100]$_{Al}$ 晶带轴下 S 相的两个变体数目明显不同，大部分 S 相沿着[010]单一方向分布，零星几个 S 相沿着[001]方向生长，$N([010]_s):N([001]_s)=905:50=18:1$，析出相择优分布明显，出现位向效应。Al-Cu-Mg 单晶在 50 MPa 压应力下时效，$N([010]_s):N([001]_s)=388:300=5:4$，[001]方向上 S 相数目比例相对 30 MPa 下应力时效增多，S 相的位向效应减弱。Al-Cu-Mg-Ag 合金单晶应力时效后，Ω 析出相的面密度小于无应力时效状态，STEM 和能谱面扫描的结果表明，应力时效下有 θ' 和 S 析出相出现。

(3)对于 Al-Cu 单晶，位错提供线扩散通道，位错附近析出相生长较快，最先析出生长为沿着位错的 θ' 相，单晶内其他位置析出的过程只受外加应力场的影响，析出的 θ'' 相由于应力位向效应，呈各向异性分布。对于 Al-Cu-Mg 单晶，应力时效时当加载应力足够大时，如 50 MPa，大量 S 相沿着螺形位错析出，S 相的位向效应反而得到抑制。位错对 S 相和 θ' 相析出的影响不同主要取决于位错滑移面与析出相惯习面的几何关系，S 相的析出惯习面为 $\{012\}_{Al}$，θ' 相的析出惯习面为 $\{100\}_{Al}$。不同的惯习面在单位体积内与 Al 基体位错滑移面 $\{111\}$ 的交线数量差别较大，位错对位向效应的抑制作用程度也不同。

(4)晶体学取向对应力时效后 θ' 析出相的强化效果有明显影响，接近于析出相惯习面 $\{100\}_{Al}$ 的 $(-1,-2,6)$ 面取向单晶体，$\theta_{/\!/}$ 方向的析出相明显多于 $\theta_{\perp}$ 方向；而 $(3,1,3)$ 和 $(-1,-4,6)$ 面取向的单晶体，$\theta_{/\!/}$ 和 $\theta_{\perp}$ 方向的析出相数目相同。应力时效后，取向为 $(-1,3,3)$ 的 Al-2Cu 单晶体力学性能最差，取向为 $(-1,1,6)$ 的 Al-2Cu 单晶体力学性能最好。对于 Al-Cu-Mg 单晶中的 S 相，$(1,-1,8)$ 取向单晶中 $[001]_s$ 方向的 S 析出相数目极少，而 $(3,5,6)$ 取向的单晶 $[100]_s$，$[010]_s$ 和 $[001]_s$ 三个方向上析出相数目均等，且析出相密集程度大于 $(1,-1,8)$ 取向单晶。因此，30 MPa 和 50 MPa 下应力时效后，$(3,5,6)$ 面取向单晶的硬度值始终高于其他三种取向，$(1,-1,8)$ 面取向单晶硬度值最低。

第 3 章　晶界对双晶体应力时效组织性能的影响

晶界上的析出相和晶界附近的无沉淀析出带对合金的力学性能有很大影响。在时效过程中，晶界作为优先扩散的通道，能使析出相快速生长，晶界附近各个方向的析出较均匀。Al-Cu-(Mg)合金在应力时效过程中，本应该在各个方向上均匀析出的 θ′ 相和 S 相，由于受到弹性应力的作用，原子扩散受到影响，析出相分布呈现在某些方向上析出较多，其他方向析出较少的析出不均匀性，导致材料宏观力学性能变差。本章以 Al-2Cu 合金双晶，Al-1.2Cu-0.5Mg 合金双晶和 Al-Cu-Mg-Ag 合金双晶为研究对象，研究单一晶界对应力时效过程中 θ′、S 和 Ω 析出相分布的影响，以及对应力时效后力学性能的影响。

3.1　Al-Cu 合金双晶体

选取 2 组具有不同晶界结构的 Al-2Cu 合金双晶体进行应力时效实验，分别标记为 1#双晶和 2#双晶，双晶体的宏观低倍照片如图 3-1 所示。在 EBSD 下测定了双晶体的晶体学取向，如图 3-2 中的 IPF 取向图所示。

根据 OIM 软件分析 2 组双晶体的晶体学取向及晶界角度，1#双晶为：左侧 (1, 0, 3)[6, 1, -2]，右侧 (-2, 0, 3)[21, -3, 14]，晶界方向 [-2, 24, 7]，晶界取向差角度 55°；2#双晶为：左侧 (0, -1, 3)[13, -3, -1]，右侧 (1, 0, 2)[18, 11, -9]，晶界方向 [5, -11, -26]，晶界取向差角度 47°。

1#双晶体进行无应力人工时效和 40 MPa、60 MPa 下的应力时效，2#双晶体进行 40 MPa 下的应力时效。时效制度为 180℃/66 h。

应力时效时，加载的压缩应力与双晶体的面取向垂直，对应的外加应力方向分别为 1#双晶：左侧 [1, 0, 3]，右侧 [-2, 0, 3]；2#双晶：左侧 [0, -1, 3]，右侧 [1, 0, 2]。应力时效后在 TEM 下分析 Al-2Cu 双晶体中析出相的分布情况，并测试硬度值分布。

图 3-1　Al-2Cu 合金双晶体的宏观低倍照片

(a)1#双晶；(b)2#双晶

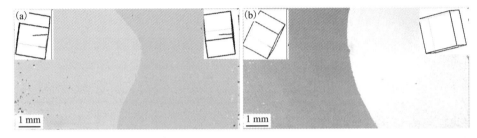

图 3-2　Al-2Cu 双晶体的 EBSD 晶体取向图

(a)1#双晶；(b)2#双晶

3.1.1　晶界对 θ′析出相分布的影响

　　为了对比析出相分布情况，分别从双晶体中左侧单晶体(标记为 A 晶体)，晶界左侧附近(标记为晶界-A)，晶界右侧附近(标记为晶界-B)，右侧单晶体(标记为 B 晶体)四个区域观察 TEM 下析出相。

　　1#双晶体经 180℃/66 h 无应力时效后<001>$_{Al}$ 晶带轴下四个区域的 STEM 如图 3-3 所示。从图 3-3 中可以看到时效后，无论晶中还是晶界附近都存在相互垂直的两种 θ′析出相变体。在无应力时效状态下，A 晶体和 B 晶体中两种析出相变体数目比例基本相同，析出相尺寸也基本一致；而晶界附近析出相密度明显减少，两种相互垂直析出相变体的数目也相同。为了量化析出相变体数目比例的差别，统计了 5~10 张 STEM 中横纵析出相个数，并计算其比例，结果见表 3-1。

表 3-1　Al-2Cu 合金 1#双晶无应力时效四个区域 STEM 中 θ′析出相变体统计结果

区域	A 晶体	晶界-A	晶界-B	B 晶体
$\theta_{/\!/}:\theta_{\perp}$	167:159	66:62	75:73	157:156
比值	1.05	1.06	1.03	1.01

无应力时效后，$\theta_{//}$ 和 $\theta_{\perp}$ 析出相变体数目的比值接近于 1，表明析出相两个方向上均匀分布，未出现析出相位向效应。

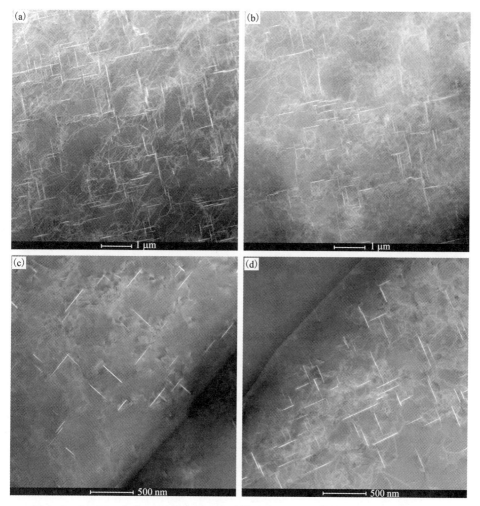

图 3-3　Al-2Cu 合金 1#双晶体无应力时效后 $<001>_{Al}$ 晶带轴下四个区域的 STEM

(a) A 晶体；(b) B 晶体；(c) 晶界-A；(d) 晶界-B

1#双晶体在 40 MPa 和 60 MPa 压缩应力下，经 180℃/66 h 时效后 $<001>_{Al}$ 晶带轴下四个区域的 TEM 明场像分别如图 3-4 和图 3-5 所示。相比无应力时效，40 MPa 下应力时效后，θ' 析出相更密集，析出相尺寸更细小；而且 A 晶体和 B 晶体中两种析出相变体分布不同，A 晶体中 θ' 析出相的位向效应更严重。应力时效后，晶界两侧 θ' 析出相在两个方向上均匀分布，未出现位向效应。统计 5~10 张 TEM 明场像中横纵析出相个数，并计算其比例，结果见表 3-2。

表 3-2　Al-2Cu 合金 1#双晶 40 MPa 下应力时效后
四个区域 TEM 中 θ′析出相变体统计结果

区域	A 晶体	晶界-A	晶界-B	B 晶体
θ$_\parallel$: θ$_\perp$	299 : 192	238 : 200	149 : 145	178 : 133
比值	1.56	1.19	1.03	1.34

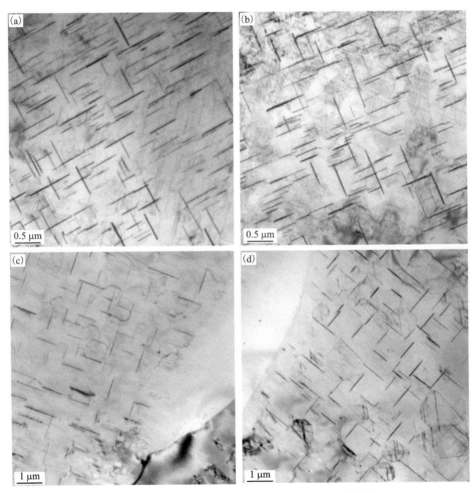

图 3-4　Al-2Cu 合金 1#双晶体在 40 MPa 应力时效后
<001>$_{Al}$ 晶带轴下四个区域的 TEM 明场像

(a) A 晶体；(b) B 晶体；(c) 晶界-A；(d) 晶界-B

统计 60 MPa 下应力时效后，Al-2Cu 合金 1#双晶体中析出相分布情况，结果列入表 3-3 中。随着加载应力增大到 60 MPa，A 晶体中 θ$_\parallel$ 和 θ$_\perp$ 析出相变体数目的比值约为 2，B 晶体中 θ∥ 和 θ⊥ 的比值为 1.66，表明单晶体内 θ′ 析出相的位向效应越来越严重。晶界两侧 θ∥ 和 θ⊥ 的比值小于单晶体，析出相位向效应相对单晶较弱。

表 3-3　Al-2Cu 合金 1#双晶 60 MPa 下
应力时效后四个区域 TEM 中 θ′ 析出相变体统计结果

区域	A 晶体	晶界-A	晶界-B	B 晶体
θ∥ : θ⊥	272 : 135	229 : 188	208 : 178	181 : 109
比值	2.01	1.22	1.17	1.66

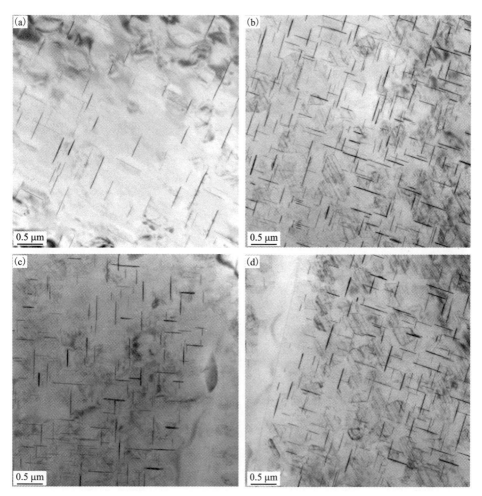

图 3-5　Al-2Cu 合金 1#双晶体在 60 MPa 应力时效后<001>$_{Al}$ 晶带轴下四个区域的 TEM 明场像

(a)A 晶体；(b)B 晶体；(c)晶界-A；(d)晶界-B

2#双晶体在 40 MPa 下于 180℃/66 h 时效后<001>$_{Al}$ 晶带轴下四个区域的
TEM 明场像如图 3-6 所示。统计 5~10 张 STEM 照片中横纵析出相个数，并计算
其比例，结果见表 3-4。2#双晶体相比 1#双晶体，单晶内析出相位向效应较弱，
晶界附近析出相位向效应同样弱于单晶内。

表 3-4　Al-2Cu 合金 2#双晶 40 MPa 下
应力时效后四个区域 STEM 中 θ′析出相变体统计结果

区域	A 晶体	晶界-A	晶界-B	B 晶体
θ$_{/\!/}$∶θ$_\perp$	301∶259	247∶240	221∶201	327∶262
比值	1.16	1.03	1.10	1.25

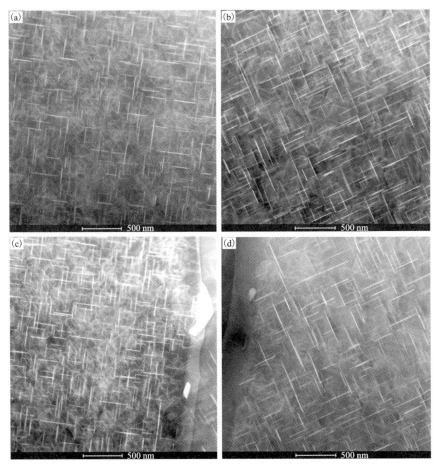

图 3-6　Al-2Cu 合金 2#双晶体在 40 MPa 应力时效后<001>$_{Al}$ 晶带轴下四个区域的 STEM

(a)A 晶体；(b)B 晶体；(c)晶界-A；(d)晶界-B

从两个双晶体应力时效的结果可以发现，晶界在 Al-Cu 合金中起到抑制析出相位向效应的作用。这种抑制作用对于较高应力下的时效更为明显，如 1#双晶体 60 MPa 下应力时效，晶界-A 区域附近 $\theta_{/\!/}$ 和 $\theta_{\perp}$ 的数目比值为 1.22，小于 A 单晶中的 2.01。

3.1.2　晶界对应力时效后硬度的影响

为了研究晶界对硬度的影响，沿着 Al-2Cu 双晶体测试硬度值的线分布规律，硬度测试示意图如图 3-7 所示。

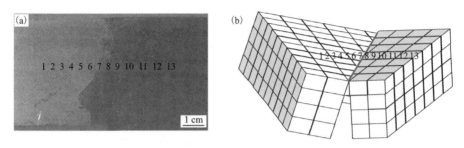

图 3-7　沿着 Al-2Cu 双晶体测试硬度值的线分布

(a)宏观低倍照片示意图；(b)晶体取向示意图

Al-2Cu 合金 1#双晶体未加载应力下时效，以及加载 40 MPa 和 60 MPa 压缩应力下时效后的硬度变化如图 3-8 所示。Al-2Cu 合金双晶体试样固溶态的硬度值为 47 HV，两侧单晶与晶界附近硬度值相同。不同状态时效后，单晶内和晶界附近硬度值差别很大。从图 3-8 可以发现，无应力时效后，A 晶体维氏硬度为

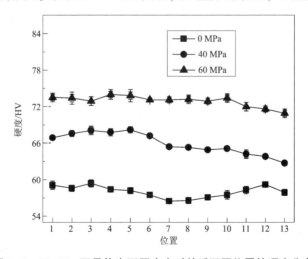

图 3-8　Al-2Cu 双晶体在不同应力时效后不同位置的硬度分布

58.4 HV，B 晶体维氏硬度值为 57.9 HV，均高于晶界附近的硬度值（56.6 HV）；40 MPa 下应力时效后，A 晶体的硬度值为 67.8 HV，高于晶界附近的硬度值（65.4 HV），而 B 晶体的硬度值最低仅为 64.2 HV；60 MPa 下应力时效后，A 晶体的硬度值为 74.0 HV，高于晶界附近的硬度值（73.1 HV），B 晶体的硬度值仍然为最低（72.0 HV）。

3.2　Al-Cu-Mg 合金双晶体

Al-Cu-Mg 合金在应力时效过程中，本应该在各个方向上均匀析出的 S 相，由于受到弹性应力的作用，原子扩散受到影响，析出相分布呈现在某些方向上析出较多，其他方向析出较少的析出不均匀性，导致材料宏观力学性能各向异性。之前的研究发现，Al-Cu-Mg 合金单晶应力时效时，会出现明显的析出相位向效应，而且在 Al-Cu-Mg 合金单晶中 S 相析出的位向效应在较高应力下[如对于 (-4, -1, 11) 取向是 50 MPa]会受到抑制。但是在实际蠕变时效成形过程中，Al-Cu-Mg 合金多晶的晶界附近，原子的规则排列受到破坏，点阵畸变严重，空位密度和空位的迁移率均比单晶的高，因此晶界处的扩散激活能较低，在时效过程中，晶界为溶质原子提供优先扩散的通道，能使析出相快速生长。

之前 Al-Cu-Mg 合金多晶的蠕变时效研究发现，加载应力下时效后 S 相的分布有时出现明显的位向效应，有时则观察不到。这除了与加载应力大小、晶体取向有关外，晶界对应力时效后析出相的分布的影响不可忽略。研究多晶材料中晶界对析出相位向效应的影响，由于晶界种类较多，晶界的具体作用机理难以确定。

在本小节中，采用 Al-Cu-Mg 合金双晶材料为研究对象，主要研究应力时效中单一晶界对 S 析出相分布的影响机理。

采用电火花线切割方法从大晶体试样上切取 Al-1.2Cu-0.5Mg 双晶，并使用 EBSD 表征了双晶体试样的晶体学取向，见图 3-9。Al-Cu-Mg 双晶体试样两边单晶体的面取向分别为左侧 (1, -1, 8) 和右侧 (3, 5, 6)，晶界取向差角为 44.6°，晶界轴沿着 [16, -7, -6] 方向。

Al-1.2Cu-0.5Mg 合金双晶体经固溶处理后，加载 30 MPa 和 50 MPa 压缩应力的同时在 180℃ 下时效 66 h，并与未加载应力时效的试样进行对比。将时效后的双晶试样制成 TEM 样品，在透射电镜中表征 S 析出相和晶界形貌。

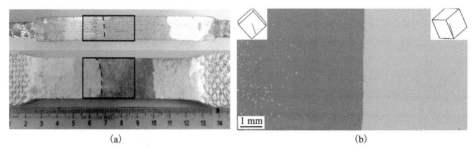

(a)   (b)

图 3-9　制备得到的 Al-1.2Cu-0.5Mg 双晶体低倍照片(a)和 EBSD 图(b)

3.2.1　晶界对 S 析出相分布的影响

为了同时表征三个方向生长的 S 相$[100]_S$，$[010]_S$ 和 $[001]_S$，从 $<112>_{Al}$ 晶带轴拍摄 TEM 明场像，统计 10~20 张 TEM 照片中三个方向上析出相的数目比例，与无应力时效的结果对比来确定析出相位向效应的严重程度。无应力和 30 MPa 下应力时效后双晶体中 S 析出相分布情况分别如图 3-10 和图 3-11 所示。

当增大加载应力至 50 MPa，Al-1.2Cu-0.5Mg 合金双晶体应力时效后 $<112>_{Al}$ 晶带轴下 S 析出的分布如图 3-12 所示。与图 3-11 中三个 $<100>_S$ 方向的 S 析出相对比，析出相尺寸明显变小，应力对析出相细化的作用很显著；晶界两侧析出相分布均匀性出现明显的差别，晶界左侧$[100]_S$，$[010]_S$ 和 $[001]_S$ 三种析出相变体均匀分布，而晶界右侧$[001]_S$ 析出相变体数目明显偏少，析出相位向效应严重。

为了研究晶界对 S 析出相分布的影响，对比了试样两侧单晶体和晶界附近区域的 S 析出相数目比例，统计的对比结果如表 3-5 和图 3-13 所示。

表 3-5　[112]_{Al} 晶带轴下 TEM 图片统计结果

试样编号	试样状态	$[100]_S:[010]_S:[001]_S$	$[100]_S:[010]_S:[001]_S$
0	0 MPa	211:214:191	1.1:1.1:1
1	(1, -1, 8), 30 MPa	240:203:222	1.08:0.91:1
2	(3, 5, 6), 30 MPa	432:282:232	1.86:1.22:1
3	晶界附近 (1, -1, 8), 30 MPa	201:165:227	0.89:0.73:1
4	晶界附近 (3, 5, 6), 30 MPa	174:92:63	2.76:1.46:1
5	(1, -1, 8), 50 MPa	590:493:552	1.07:0.89:1
6	(3, 5, 6), 50 MPa	442:335:232	1.91:1.44:1
7	晶界附近 (1, -1, 8), 50 MPa	421:420:355	1.19:1.18:1
8	晶界附近 (3, 5, 6), 50 MPa	245:143:128	1.91:1.12:1

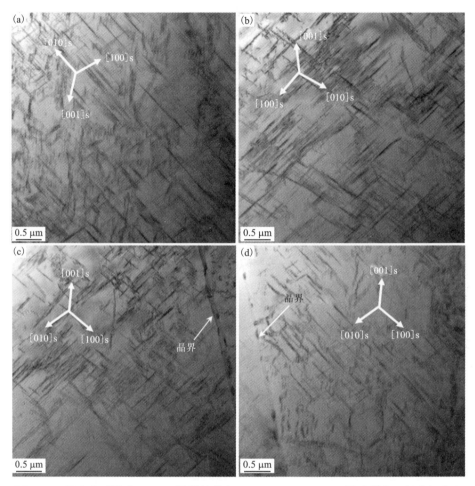

图 3-10 无应力时效后<112>$_{Al}$ 晶带轴观察 Al-1.2Cu-0.5Mg 双晶试样中 S 析出相分布
(a)A 晶体；(b)B 晶体；(c)晶界-A；(d)晶界-B

　　双晶体经无应力时效后，两侧单晶体[100]$_S$：[010]$_S$：[001]$_S$ 3 个方向上的 S 析出相数量比例为 11：11：10。从表 3-5 可见，晶界附近 S 相的分布与单晶体内的差别较大：30 MPa 下应力时效，晶界附近的 S 析出相分布相比单晶体很不均匀，(1, -1, 8) 取向靠近晶界处[100]$_S$ 和[010]$_S$ 的数目相比(1, -1, 8) 取向单晶体减少，而(3, 5, 6) 取向靠近晶界处[100]$_S$ 和[010]$_S$ 的数目比(3, 5, 6) 取向单晶体明显增多。外加应力大小为 50 MPa，晶界周围的 S 相位向效应相比两侧单晶体中的减弱，如 (1, -1, 8) 取向靠近晶界处的[010]$_S$ 数目比 (1, -1, 8) 取向单晶体中的增多,(3,5,6)取向靠近晶界处的[010]ₛ数目比(3,5,6)取向单晶体中的减小,更接近于无应力时效状态 S 相的分布情况。

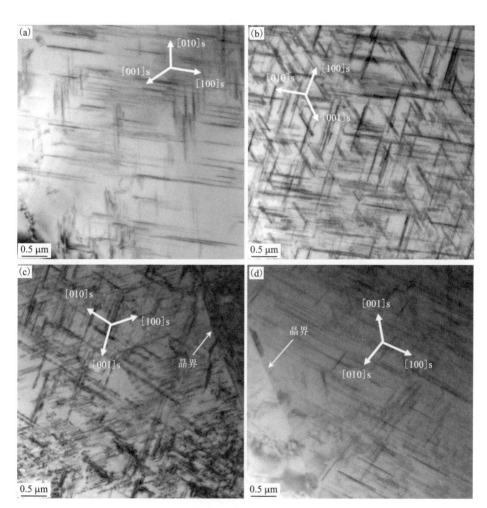

图 3-11　30 MPa 下应力时效后<112>ₐₗ晶带轴
观察 Al-1.2Cu-0.5Mg 双晶试样中 S 析出相分布

(a)A 晶体;(b)B 晶体;(c)晶界-A;(d)晶界-B

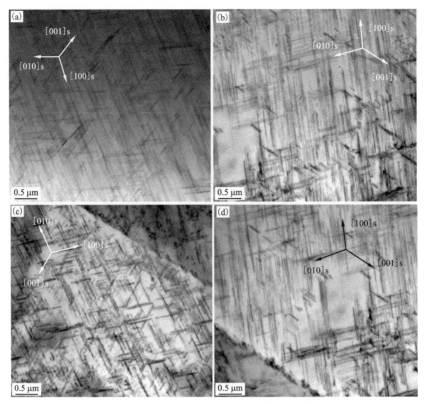

图 3-12 50 MPa 下应力时效后<112>_{Al} 晶带轴观察

Al-1.2Cu-0.5Mg 双晶试样中 S 析出相分布

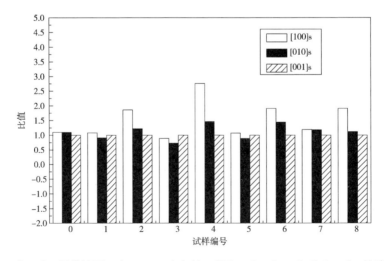

图 3-13 [112]_{Al} 晶带轴下三个<100>_S 方向的 S 相[100]_S，[010]_S 和[001]_S 的统计结果

3.2.2　晶界对应力时效后硬度的影响

S 析出相的分布影响时效态双晶体的力学性能,析出相位向效应越严重,时效强化必然也表现出各向异性,材料力学性能降低。在时效后的 Al-Cu-Mg 合金双晶体上垂直晶界分布方向选择硬度测试线,图 3-14 是两条位置不同的测试线测试其力学性能,测试点如图 3-14(a)中所标记,6 和 13 点非常接近晶界。

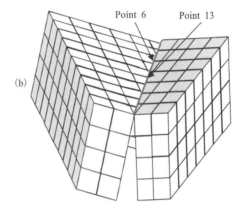

图 3-14　Al-1.2Cu-0.5Mg 双晶体应力时效后的硬度测试

(a)取点示意图;(b)双晶体示意图

30 MPa 和 50 MPa 应力时效后,Al-1.2Cu-0.5Mg 合金双晶体的硬度值分布图分别如图 3-15 和图 3-16 所示。从硬度值的直方图可以得到,30 MPa 应力下时效后,5,7,12,14 四个点位于晶界附近,硬度值均低于双晶体试样两侧的单晶区域。50 MPa 应力时效后,晶界附近的四个点硬度值均高于双晶体试样两侧的单晶区域。硬度测试的结果表明,较低应力(30 MPa)时效相比无应力时效,由于晶界附近 S 相位向效应更严重,析出相分布的各向异性导致时效强化效果不均匀,析出强化效果下降,测试得到的维氏硬度值偏低;高应力下时效(50 MPa),根据本章中研究 Al-Cu-Mg 单晶应力时效析出相分布的结论,加载压缩应力萌生的位错提供大量析出相形核的质点,明显抑制 S 析出相的位向效应,此外,晶界在高应力下也有较强的抑制作用,析出相位向效应在晶界附近相比两侧晶体内部明显受到抑制,析出相均匀分布,析出强化效果甚至高于两侧晶体。

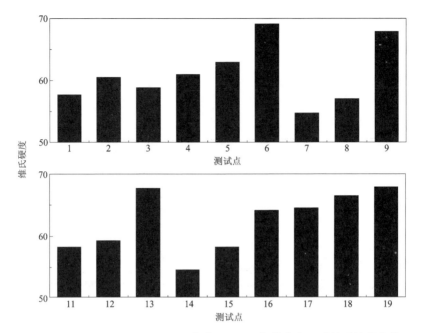

图 3-15　Al-1.2Cu-0.5Mg 双晶体在 30 MPa 加载应力下时效后的硬度值

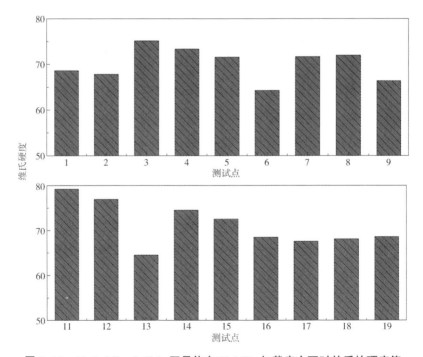

图 3-16　Al-1.2Cu-0.5Mg 双晶体在 50 MPa 加载应力下时效后的硬度值

3.3 Al-Cu-Mg-Ag 合金双晶体

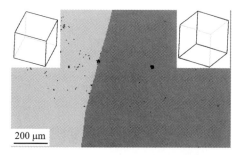

选取 Al-Cu-Mg-Ag 合金双晶体，并在 EBSD 下测定其晶体学取向，如图 3-17 所示，分析得到两侧单晶区域的晶体学取向分别为：左侧面取向(1，-1，2)和右侧面取向(-3，1，3)。应力时效时，压缩应力垂直加载于双晶体晶面方向，则外加应力的方向对应为 $[1，-1，2]_{Al}$ 和 $[-3，1，3]_{Al}$。

图 3-17 Al-Cu-Mg-Ag 合金双晶体的
EBSD 晶体取向图

由第 2 章中 Al-Cu-Mg-Ag 单晶时效硬化曲线确定时效制度为 180℃/53 h，分别进行加载压力为 50 MPa 和 100 MPa 的应力时效。

应力时效后在 TEM 下分析 Al-Cu-Mg-Ag 双晶体中析出相的分布情况，并测试时效后硬度。对比微观组织和力学性能结果，探明晶界对 Al-Cu-Mg-Ag 合金中 Ω 相的分布和析出强化效果的影响。

3.3.1 晶界对 Ω 析出相分布的影响

为了对比析出相分布情况，分别从双晶体中左侧单晶体(标记为 A 晶体)，晶界左侧附近(标记为晶界-A)，晶界右侧附近(标记为晶界-B)，右侧单晶体(标记为 B 晶体)四个区域观察 TEM 下析出相。Al-Cu-Mg-Ag 合金双晶体经 180℃/53 h 常规时效(0 MPa)后<110>$_{Al}$ 晶带轴下的 TEM 明场像如图 3-18 所示。

无应力时效后，A 晶体和 B 晶体中两种 Ω 相变体的分布比例基本相同，图中不规则盘片状析出相为 θ′相，这是由于 Al-Cu-Mg-Ag 合金中 Cu/Mg 的比例大于 8，属于 θ′相析出相区，当 Ag 分布不均匀时，更容易形成 θ′相；晶界附近的 Ω 相比单晶内更为细小，Ω 相两个变体在晶界两侧分布比例也相差不大。在图 3-18(d) 中可以看到晶界上有析出相团聚成大块，使用 STEM 中的面扫描对晶界析出相成分进行分析，如图 3-19 所示。结果表明，晶界上的大块团聚相主成分元素为 Cu 和 Ag(少量)；Ag 原子在晶界上的偏聚，促使晶界附近析出 θ′相，比如图 3-19 中针状相只含有 Al 和 Cu。

50 MPa 下应力时效，Al-Cu-Mg-Ag 合金双晶体<110>$_{Al}$ 晶带轴下的 TEM 明场像如图 3-20 所示。相比无应力时效，晶内 Ω 析出相的尺寸明显变小，晶界两

图 3-18 Al-Cu-Mg-Ag 合金双晶体无应力时效后<110>$_{Al}$ 晶带轴下的 TEM 明场像

(a) A 晶体；(b) B 晶体；(c) 晶界-A；(d) 晶界-B

侧附近除了少部分 Ω 相外，都析出横纵交错的板条状 S 相（Al$_2$CuMg）。但是，晶界左侧的 S 相数目密度明显高于晶界右侧，这与其对应的单晶体结果一致。

应力时效后，晶界上未观察到粗大的偏聚相形成，这对于晶内析出相中 Ω 相的比例提高有重要作用。由于 Ω 相相比 S 相和 θ′相有更高的析出强化效果，加载应力时效能够充分保证合金性能。这是因为在应力作用下，Ag 原子在晶体内部的扩散速度加快，不完全依赖于晶界与位错提供的优先扩散通道，Ag 原子会向析出相形成的方向偏聚，从而为 Ω 相形核提供质点，促进 Ω 相的大量析出，并且晶界上不会有粗大相形成。

图 3-19　无应力时效后 STEM 中的面扫描对晶界析出相成分分析结果

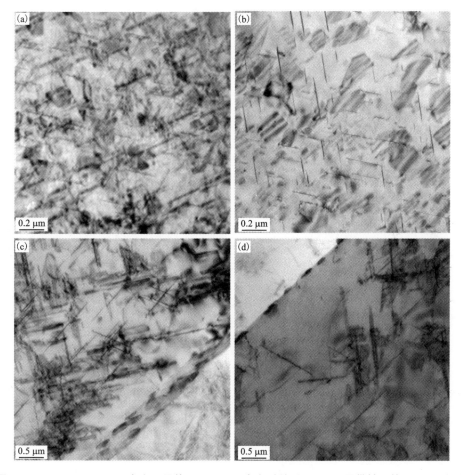

图 3-20　Al-Cu-Mg-Ag 合金双晶体 50 MPa 下应力时效后<110>$_{Al}$ 晶带轴下的 TEM 明场像

（a）A 晶体；（b）B 晶体；（c）晶界-A；（d）晶界-B

100 MPa 下应力时效，Al-Cu-Mg-Ag 合金双晶体<110>$_{Al}$ 晶带轴下的 TEM 明场像如图 3-21 所示。100 MPa 已达到 Al-Cu-Mg-Ag 合金单晶固溶态的屈服强度，因此，在 TEM 照片中观察到大量缠结的位错，晶界附近位错密度更为密集。由于位错能为析出相提供优先形核的质点，100 MPa 下应力时效后，大量弥散细小的 Ω 相在晶内析出，而晶界周围析出相较少，同时，晶界上又形成粗大的偏聚相。

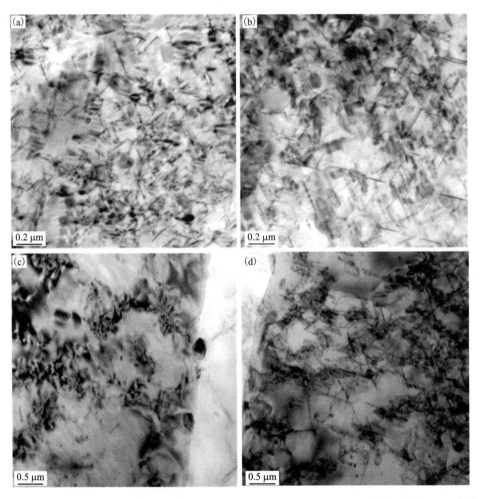

图 3-21　Al-Cu-Mg-Ag 合金双晶体 100 MPa 下应力时效后<110>$_{Al}$ 晶带轴下的 TEM 明场像

(a)A 晶体；(b)B 晶体；(c)晶界-A；(d)晶界-B

使用 STEM 中的面扫描对 100 MPa 下应力时效后晶界析出相成分进行分析，

如图 3-22 所示。结果表明，Ag、Mg、Cu 原子均在晶界上偏聚，形成粗大第二相。这是由于 100 MPa 下应力时效，双晶体中位错启动滑移，大量萌生位错在晶界上受阻，从而在晶界附近形成位错缠结。相比从应力方向扩散，原子更容易在这些大量缠结的位错中迁移，因此，形成比无应力时效更大的晶界团聚相。

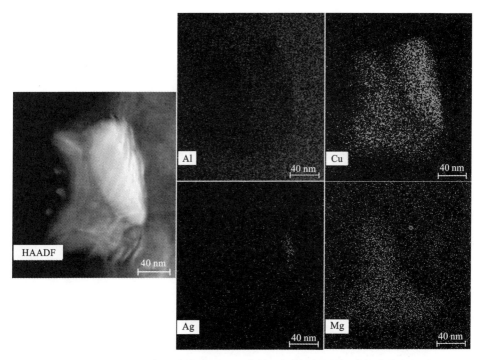

图 3-22　100 MPa 下应力时效后 STEM 中的面扫描对晶界析出相成分分析结果

3.3.2　晶界对应力时效后硬度的影响

按照图 3-7 所示的选点方式，测试时效态的 Al-Cu-Mg-Ag 合金双晶体 6 个位置的维氏硬度值。位置 3 和 4 是晶界附近，位置 1 和 6 是双晶体对应的两侧单个晶粒内部，位置 2 和 5 是受到晶界作用影响的区域。Al-Cu-Mg-Ag 合金双晶体经过三种不同应力状态下时效后，硬度值测试结果如图 3-23 所示。

50 MPa 下应力时效，硬度值与无应力时效状态相差不大，虽然应力时效下 Ω 相比无应力时效要更弥散细小，但是应力作用抑制了 Ω 相的析出，如图 3-20 中有大量板条状 S 相析出，由于 S 相析出强化作用弱于 Ω 相，因此 50 MPa 应力时效态的双晶体总体硬度值与无应力时效的接近。

100 MPa 下应力时效，双晶体的硬度值高于 50 MPa 和无应力时效态，除去加工硬化导致的强化作用,位错促进 Ω 相细化弥散也是很重要的因素。但是,100 MPa 下应力时效,Ag、Mg、Cu 原子在晶界上的偏聚必然使材料依靠晶界的性能下降。

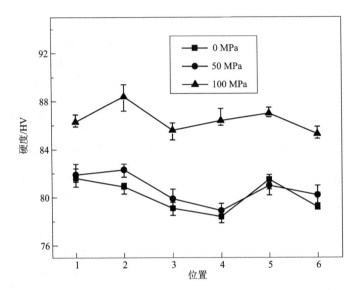

图 3-23　Al–Cu–Mg–Ag 合金双晶体经无应力时效,
50 MPa 和 100 MPa 应力时效后的硬度值

3.4　本章小结

(1) Al–Cu 合金双晶体,无应力时效后,单晶体和晶界附近 $\theta_{//}$ 和 $\theta_{\perp}$ 析出相变体数目的比值接近于 1,表明析出相两个方向上均匀分布,未出现析出相位向效应。40 MPa 下应力时效后,θ' 析出相变得弥散细小;而且 A 晶体和 B 晶体中两种析出相变体分布不同,A 晶体中 θ' 析出相的位向效应更严重。应力时效后,晶界两侧 θ' 析出相在两个方向上均匀分布,未出现位向效应。晶界在 Al–Cu 合金中起到抑制析出相位向效应的作用,这种抑制作用对于较高应力下的时效更为明显。

(2) Al–Cu–Mg 合金双晶体,加载应力增至 50 MPa,Al–1.2Cu–0.5Mg 合金双晶体应力时效后 S 析出相对比加载 30 MPa 的试样,析出相尺寸明显变小,应力对析出相细化的作用很显著;晶界两侧析出相分布均匀性出现明显的差别,晶界左侧 [100]$_S$,[010]$_S$ 和 [001]$_S$ 三种析出相变体均匀分布,而晶界右侧 [001]$_S$ 析出相变体数目明显偏少,析出相位向效应严重。当在 30 MPa 的应力下时效时,晶界附近的析出相位向效应相比晶界两侧单晶体内的更严重；当外加应力为 50 MPa 时，晶界周围的 S 析出相分布趋于均匀。Al-Cu-Mg 合金中，晶界抑制位向效应的作用在高应力下愈发明显，析出相位向效应在晶界附近相比两侧晶体内部明显受到抑制，析出相均匀分布，析出强化效果甚至高于两侧晶体。

（3）Al-Cu-Mg-Ag 合金双晶体，无应力时效后，晶界附近和晶内两种 Ω 相变体的分布比例基本相同，同时析出盘片状 θ′ 相。晶界附近的 Ω 相比晶内细小，Ω 相两个变体在晶界两侧分布比例也相差不大。晶界上有原子偏聚形成粗大第二相，Ag 原子在晶界上的偏聚，促使晶界附近析出 θ′ 相。50 MPa 下应力时效后，晶内 Ω 析出相的尺寸明显变小，晶界两侧附近除了少部分 Ω 相外，都析出横纵交错的板条状 S 相，同时，晶界上未观察到粗大的偏聚相。100 MPa 下应力时效，出现大量缠结的位错，晶界附近位错密度更为密集，大量弥散细小的 Ω 相在晶内析出，而晶界周围析出相较少，同时，Ag、Mg、Cu 原子均在晶界上偏聚，晶界上又形成粗大的偏聚相。50 MPa 下应力时效，硬度值与无应力时效状态相差不大，100 MPa 下应力时效，双晶体的硬度值高于 50 MPa 和无应力时效态。

第 4 章　基于晶体学的 Al-Cu 合金
应力时效强化模型

　　研究了晶体学取向对单晶应力时效后析出位向效应和力学性能的影响。以多种取向的 Al-2Cu 单晶为研究对象，选取特定取向的单晶体在不同应力大小[(-1, 1, 6)取向，15 MPa、40 MPa、60 MPa]下应力时效；同一应力大小(40 MPa)下，不同面取向单晶体进行时效。通过分析时效后的 TEM 和力学性能的结果，发现随着加载应力的增大，θ′相的位向效应愈加明显，屈服强度下降。而且晶体学取向也会影响单晶的应力时效行为，(-1, 1, 6)取向的单晶由于最接近 θ′析出相的(001)惯习面，离(111)位向效应弱取向也较近，所以其析出强化效果较强；而(-1, 3, 3)离(001)惯习面和(111)取向均最远，析出强化效果最弱。基于不同晶体学取向的 Al-2Cu 单晶在不同应力大小下应力时效的实验结果，建立了晶体学各向异性的应力时效析出强化模型，为过渡到具有多种复杂取向的多晶材料提供理论基础。

4.1　应力的影响

　　使用 EBSD 测定了 Al-2Cu 合金单晶试样的晶体取向，按照晶体取向的差异将单晶试样分为 5 组，图 2-5 是 EBSD 测定单晶取向得到的 IPF 图。单晶试样首先在 525℃下固溶 2 h 后，水淬，然后在 180℃下时效 66 h，时效的同时加载一定大小的压缩应力，测定得到的单晶取向及相应的应力时效实验条件列入表 4-1 中。

　　面取向为(-1, 1, 6)的 Al-Cu 单晶体分别经过无应力人工时效及不同大小应力时效后的 TEM 照片见图 4-1，可以看到当外加应力从 0 增加到 60 MPa 时，θ′析出相越趋于单向分布，即位向效应程度越来越严重。

表 4-1　Al-2Cu 合金单晶的取向及对应的应力时效实验条件

晶体取向	(−1, −2, 6)	(3, 1, 3)	(−1, 3, 3)	(−1, 1, 6)	(−1, −4, 6)
加载应力大小	—	—	—	0 MPa	—
	—	—	—	15 MPa	—
	40 MPa	40 MPa	—	40 MPa	40 MPa
				60 MPa	

该 Al-Cu 合金的成分下,从 Al-Cu 二元相图上通过杠杆定律求得 θ(Al$_2$Cu 相)析出相的总体积分数 f_v 为 0.00621。统计如图 4-1 中的 TEM 照片并将交叉分布的析出相大小和数目比例列入表 4-2 中。表中的 $f_{v//}$ 代表 θ′相变体[001]$_{Al}$ 方向的体积分数,$f_{v\perp}$ 代表 θ′相变体[010]$_{Al}$ 方向的体积分数,由统计得到的析出相数目比例结合总的析出相体积分数,计算 $f_{v//}$ 和 $f_{v\perp}$ 的值。为了描述析出位向效应程度,定义位向效应因子 α,见式(4-1)。

$$\alpha = \frac{2(f_{v//} \cdot f_{v\perp})^{0.5}}{f_v} \tag{4-1}$$

表 4-2　(−1, 1, 6) 面取向的 Al-2Cu 单晶经不同应力时效后析出相的尺寸及体积分数

加载应力/MPa	$D_{//}$	$D_\perp$	$t_{//}$	$t_\perp$	$f_{v//}$	$f_{v\perp}$	α
15	288	204	3.6	5.6	0.0029	0.0033	0.996
40	155	171	4.7	3.6	0.0017	0.0045	0.812
60	174	175	3.0	2.9	0.0007	0.0055	0.632

通过式(4-1)计算的结果,对比表 4-2 中横纵方向析出相的数目比例发现:当两个方向上的 θ′相变体呈现等量均匀分布,如图 4-1(a)所示,$f_{v//}=f_{v\perp}=0.5f_v$,α=1,即没有析出相位向效应。当两个方向上 θ′相变体数目相差较大,开始出现单向分布的趋势时,$f_{v//}\neq f_{v\perp}$,且 α<1,即外加应力导致析出相的位向效应。随着外加应力从 15 MPa 增大到 60 MPa,两种变体析出相的体积分数相差明显,[010]$_{Al}$ 方向上析出相数目比例增多,析出相呈现单向分布,α 因子进一步减小,位向效应程度更为严重。

以面取向为(−1, 1, 6)的 Al-2Cu 合金单晶经不同应力时效后的结果讨论应力对位向效应的影响,并建立相应模型。分析表 4-2 中有关析出相的尺寸及体积分数的数据,代入式(4-2)中计算{100}-θ′析出相的强化作用:

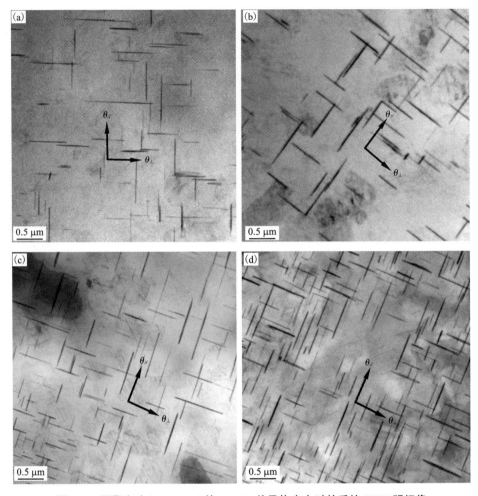

图 4-1　面取向为(-1, 1, 6)的 Al-Cu 单晶体应力时效后的 TEM 明场像

(a)0 MPa 人工时效；(b)15 MPa 应力时效；(c)40 MPa 应力时效；(d)60 MPa 应力时效

$$\tau_p = 0.13G \frac{b}{(D_p t_p)^{0.5}} [f_v^{0.5} + 0.75(D_p/t_p)^{0.5}f_v + 0.14(D_p/t_p)f^{1.5}] \cdot$$

$$\ln \frac{0.87(D_p/t_p)^{0.5}}{r_0} \tag{4-2}$$

其中，G 是切变模量，b 是柏氏矢量的模，r_0 是位错切过的半径，D_p 是析出相的平均半径，$D_p = (D_{//} + D_{\perp})/2$；$t_p$ 是析出相的平均厚度，$t_p = (t_{//} + t_{\perp})/2$。根据析出强化对材料强度的贡献 τ_p 可以计算出材料的理论屈服强度，表示为式(4-3)：

$$\sigma_y = \frac{\alpha \cdot \tau_p}{\eta} + \sigma_0 \qquad (4\text{-}3)$$

其中，η 是单晶的 Schmid 因子，σ_0 是固溶强化对材料强度的贡献，对于 Al-2Cu 合金，σ_0 可取 60 MPa。利用式(4-3)理论计算得到的 Al-2Cu 合金(-1，1，6)取向单晶经应力时效后材料的屈服强度与实测屈服强度的对比如图 4-2 所示。

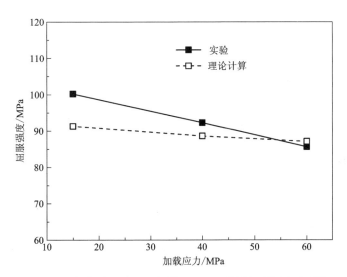

图 4-2　面取向为(-1，1，6)的 Al-2Cu 单晶经不同大小压缩应力时效后按照式(4-3)理论计算和实测屈服强度的对比

从图 4-2 中可以看出，按照式(4-3)理论计算与实验测得的屈服强度的大小及变化趋势基本一致，式(4-2)和式(4-3)可以用来考虑材料屈服强度的变化趋势，但是拟合的具体数值仍有偏差。综合分析应力时效中加载应力对屈服强度的影响，主要有两个方面：一方面应力场的作用使析出相弥散、细小，通过对比图 4-1 中的 θ'析出相明场像可以发现，应力时效后单晶中的 θ'析出相[图 4-1(b)，4-1(c)和 4-1(d)]均比无应力时效的弥散细小[图 4-1(a)]，而且随着加载应力的增大，析出相越来越弥散细小，根据式(4-2)弥散细小的析出相能提高材料的屈服强度；另一方面，时效过程中加载应力会出现析出相位向效应，导致材料力学性能的各向异性，材料的屈服强度下降。

其中，应力大小对析出相尺寸的影响，可用式(4-4)和式(4-5)表达：

$$D_p = D_{p0} \frac{C_m}{\ln \sigma_c} \qquad (4\text{-}4)$$

$$t_p = t_{p0} \frac{C_m}{\ln \sigma_c} \tag{4-5}$$

引入 δ 因子来描述应力大小对析出相位向效应的影响, 可用式(4-6)来表达, 式(4-6)中当加载应力为 0 时, 位向效应因子为 1, 当加载应力增大时, 位向效应因子小于 1 且逐渐减小:

$$\delta = 2\left(\frac{k}{\sigma_c} + 2 + \frac{\sigma_c}{k}\right)^{-0.5} \tag{4-6}$$

其中, D_{p0} 和 t_{p0} 表示无应力人工时效后 θ' 析出相的尺寸, σ_c 表示应力时效中加载应力的大小, k 是由材料和时效制度决定的系数, 对于本材料和 180 ℃/66 h 的时效制度, k 取 7.8。

此时, α 和 δ 都能用来表示应力时效中析出相位向效应的严重程度, 将式(4-3)中的 α 用 δ 替换, 得到式(4-7)。

$$\sigma_y = \frac{\delta \tau_p}{\eta} + \sigma_0 \tag{4-7}$$

综合式(4-2), (4-4), (4-5), (4-6)和(4-7)计算 Al-2Cu 合金(-1, 1, 6) 取向单晶经应力时效后材料的屈服强度, 与实测屈服强度对比如图 4-3 所示。使用 δ 因子计算得到的 Al-2Cu 合金单晶在 15 MPa, 40 MPa 和 60 MPa 下应力时效后的屈服强度, 与实测的压缩屈服强度变化趋势一致, 且数值基本相同。图 4-2 和图 4-3 拟合的结果表明, 因子 δ 比 α 更适合描述应力时效中析出相位向效应程度。

综上所述, 对于确定取向的 Al-2Cu 单晶, 材料的应力时效析出硬化模型(随加载应力的变化)可以表示如下:

$$\begin{cases} \sigma_y = \dfrac{\alpha \cdot \tau_p}{\eta} + \sigma_0 \\[2mm] \tau_p = 0.13G \dfrac{b}{(D_p t_p)^{0.5}} \left[f_v^{0.5} + 0.75(D_p/t_p)^{0.5} f_v + 0.14(D_p/t_p) f_v^{1.5} \right] \cdot \ln \dfrac{0.87(D_p/t_p)^{0.5}}{r_0} \\[2mm] D_p = D_{p0} \cdot \dfrac{2.6}{\ln \sigma_c} \\[2mm] t_p = t_{p0} \cdot \dfrac{2.6}{\ln \sigma_c} \\[2mm] \alpha = 2\left(\dfrac{k}{\sigma_c} + 2 + \dfrac{\sigma_c}{k}\right)^{-0.5} \end{cases}$$

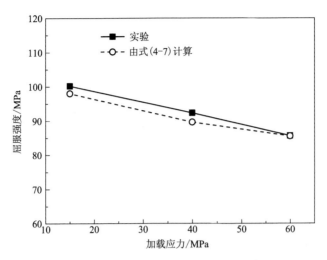

图 4-3　面取向为 (-1, 1, 6) 的 Al-2Cu 单晶经
不同压缩应力时效后理论计算和实测屈服强度对比

4.2　取向的影响

晶体学取向对应力时效后材料屈服强度的影响主要有两个方面：一方面，晶体自身的各向异性导致不同取向的单晶体无应力人工时效后力学性能具有各向异性，性能测试方向一般垂直于晶体学取向，取向不同，屈服强度也不相同；另一方面，应力时效中加载力的方向垂直于晶体学方向，不同晶体学取向的单晶体即表示加载力的方向不同，在不同方向的应力下时效，材料的屈服强度也不相同。

4.2.1　单晶各向异性

首先考虑晶体学各向异性的影响，图 4-4 是 5 种面取向的单晶体 180℃ 的时效硬化曲线，所有单晶体的峰值时效时间都是 66 h。随着时效时间的延长，在峰时效和过时效阶段不同取向的硬度差别逐渐明显，总体趋势是面取向为 (-1, 1, 6) 的 Al-2Cu 单晶时效后硬度最高，面取向为 (-1, 3, 3) 的 Al-2Cu 单晶硬度最低。

图 4-5 是将不同单晶的取向表示在 (001) 极图中。结合时效硬化曲线图 4-4 和图 4-5 中不同取向在极图上的位置，发现越靠近 {100} 取向的 Al-2Cu 单晶，人工时效后，测得的硬度值越高。(-1, 1, 6) 取向离 (001) 最近，硬度值最高，(-1, 3, 3) 和 (3, 1, 3) 取向偏离 {100} 取向较远，测得的硬度值小。

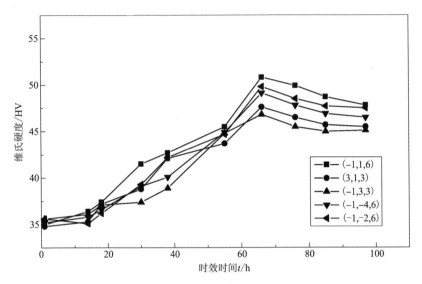

图 4-4　5 种面取向的单晶体在 180℃的时效硬化曲线

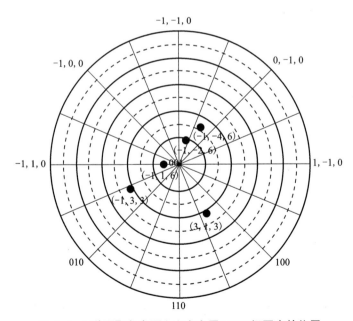

图 4-5　5 种面取向在面心立方金属（001）极图中的位置

　　根据析出惯习面和析出强化的关系可以解释上述现象，θ' 相从 $\{100\}_{Al}$ 面上形核生长，垂直 $\{100\}$ 面测试力学性能，析出强化效果最明显，因而硬度值最大。引入取向因子，描述单晶体的晶体学各向异性，定义 β 见式(4-8)：

$$\beta = \cos\theta \tag{4-8}$$

其中，θ 为面取向与 $\{100\}$ 面的最小夹角。计算不同单晶取向的 β 因子如表 4-3 所示，其中 (001) 取向 $\beta = 1$，(-1, 1, 6) 取向 β 最大，(-1, 3, 3) 和 (3, 1, 3) 取向 β 最小，β 因子随取向的变化与图 4-4 中峰值硬度随取向变化的规律一致。β 因子可以扩展到具有不同析出惯习面的合金中，其中 θ 是晶体学取向与惯习面方向的最小夹角。

表 4-3　不同单晶取向与 $\{100\}$ 取向的 β 因子

晶体取向	(001)	(-1, 1, 6)	(-1, -2, 6)	(-1, -4, 6)	(3, 1, 3)	(-1, 3, 3)
β	1	0.973	0.937	0.824	0.688	0.688

4.2.2　晶体取向与位向效应的关系

　　其次考虑应力时效中加载应力方向对位向效应程度的影响。应力时效时，单晶的面取向为 (hkl)，加载力 σ 垂直于单晶晶面取向，即力的方向为 $[hkl]$。根据文献[88]，Al-Cu 合金出现应力位向效应有一个临界应力值，设为 σ_m，(hkl) 取向的单晶应力时效时出现位向效应的条件为式(4-9)中三个表达式至少一个成立。

$$\begin{cases} \dfrac{h}{\sqrt{h^2+k^2+l^2}} \cdot \sigma \geq \sigma_m \\[2mm] \text{or} \quad \dfrac{k}{\sqrt{h^2+k^2+l^2}} \cdot \sigma \geq \sigma_m \\[2mm] \text{or} \quad \dfrac{l}{\sqrt{h^2+k^2+l^2}} \cdot \sigma \geq \sigma_m \end{cases} \tag{4-9}$$

　　由上述三个公式可知对于 (hkl) 为 $\{100\}$ 型取向，只有一个惯习面受力，且受力最大，位向效应最严重，可以称 $\{100\}$ 取向为 θ' 析出相的位向效应强取向；对于 $\{101\}$ 型取向，两个惯习面受力，受力较小，位向效应出现但不如 $\{100\}$ 取向明显；$\{111\}$ 型取向，应力平均分解在三个惯习面上，单个惯习面上受力最小，基本不会出现位向效应。因此，$\{111\}$ 取向为 θ' 析出相的位向效应弱取向。图 4-25 是 4 种面取向的 Al-2Cu 单晶体经 40 MPa 应力时效后的 TEM 明场像，结果表明，当应力大小恒定时，θ' 析出相择优取向程度受单晶体的面取向影响。

　　根据式(4-9)，定义位向效应取向因子 q，描述应力时效中加载应力方向对位向效应的影响，定义 q 见式(4-10)：

$$q = \cos\lambda \tag{4-10}$$

其中，针对 θ′ 析出相 λ 为单晶体的面取向与 (111) 面的最小夹角。同样地，位向效应取向因子 q 可以扩展到其他合金的析出过程中，对于不同的析出惯习面，λ 仍是单晶面取向与位向效应弱取向的最小夹角。

综合考虑以上两种因素的影响，Al-Cu 单晶体在确定加载应力大小条件下时效，面取向对材料力学性能的影响可用因子 Q 来表达，Q 见式 (4-11)；应力时效取向因子 Q 对应于本章 5 种单晶体的结果如表 4-4。

$$Q = \beta \cdot q = \cos\theta\cos\lambda \tag{4-11}$$

表 4-4　5 种取向 Al-2Cu 单晶体的 β 因子，位向效应取向因子 q 及应力时效取向因子 Q

取向	(-1, 1, 6)	(-1, -2, 6)	(-1, -4, 6)	(3, 1, 3)	(-1, 3, 3)
β	0.973	0.937	0.824	0.688	0.688
q	0.749	0.812	0.872	0.927	0.662
Q	0.73	0.76	0.72	0.64	0.46

将因子 Q 的变化与 Al-2Cu 单晶应力时效后力学性能的变化对比，如图 4-6 所示，可以看出因子 Q 随晶体取向的变化符合不同取向单晶应力时效后力学性能的变化规律。

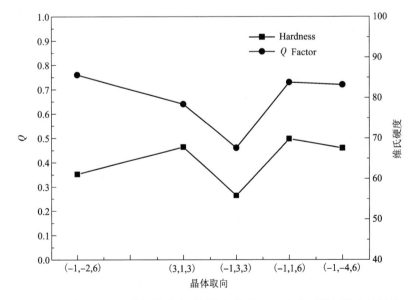

图 4-6　不同取向 Al-2Cu 单晶的应力时效取向因子 Q 及应力时效后的力学性能

　　综上所述，可以用应力时效取向因子 Q 对得到的应力时效析出强化模型进行晶体学取向的修正，如式(4-12)：

$$\sigma_y = \frac{\delta \cdot Q\tau_p}{\eta} + \sigma_0 \tag{4-12}$$

4.3　本章小结

　　本章以 Al-2Cu 单晶体为对象，分别研究了确定面取向单晶体在多种应力条件[(-1,1,6)取向，15 MPa，40 MPa，60 MPa]下的时效行为；同一应力大小(40 MPa)下，五种不同面取向单晶体的时效行为。通过分析时效后析出相的 TEM 图片和力学性能的结果，发现 Al-Cu 合金应力时效后的硬度及屈服强度不仅取决于时效过程中加载应力的大小，不同的晶体学取向也会影响其力学性能。(-1,1,6)取向的单晶由于最接近 θ′ 析出相的(001)惯习面，离(111)位向效应弱取向也较近，所以其析出强化效果较强；而(-1,3,3)离(001)惯习面和(111)取向均最远，析出强化效果最弱。

　　结合不同晶体学取向的 Al-2Cu 单晶在不同应力大小下应力时效的实验结果，建立了基于晶体学各向异性的应力时效析出强化模型，如下所示。计算了依据模型得到的理论屈服强度，并与实验结果对比，发现模型计算的结果基本符合实验规律。

$$\begin{cases} \sigma_y = \dfrac{\delta \cdot Q\tau_p}{\eta} + \sigma_0 \\[2mm] \tau_p = 0.13G\,\dfrac{b}{(D_p t_p)^{0.5}}\left[f_v^{0.5} + 0.75(D_p/t_p)^{0.5}f_v + 0.14(D_p/t_p)f_v^{1.5}\right] \cdot \ln\dfrac{0.87(D_p/t_p)^{0.5}}{r_0} \\[2mm] D_p = D_{p0}\,\dfrac{C_m}{\ln\sigma_c} \\[2mm] t_p = t_{p0}\,\dfrac{C_m}{\ln\sigma_c} \\[2mm] \alpha = 2\left(\dfrac{k}{\sigma_c} + 2 + \dfrac{\sigma_c}{k}\right)^{-0.5} \\[2mm] Q = \cos\theta\cos\lambda \end{cases}$$

第 5 章　基于晶体学和位错作用的 Al-Cu-Mg 合金应力时效强化模型

前一章进行了多种取向 Al-Cu 合金单晶应力时效析出行为的研究，建立了基于晶体学各向异性的 Al-Cu 合金应力时效强化模型。但以 S 相为主要析出相的 Al-Cu-Mg 合金应力时效结果不同于以 θ′ 相为主的 Al-Cu 合金，研究的结果表明，由于 S 相的惯习面 {012} 相比 θ′ 相的惯习面 {100} 与位错滑移面 {111} 的交线更多，应力诱导的位错能促进析出相均匀形核，当 Al-1.2Cu-0.5Mg 单晶应力时效时的加载应力足够大时，如取向 $hkl(-4, -1, 11) uvw[8, 1, 3]$，加载应力大小 50 MPa，S 相的位向效应反而得到抑制。Al-Cu-Mg 合金的应力时效中 S 相的析出行为需要同时考虑力作用面的晶体学取向和应力诱导位错抑制 S 相位向效应的作用。为了建立晶体学取向和位错诱导析出这两种交互作用对 Al-Cu-Mg 合金应力时效中 S 相析出行为和力学性能的关系，本文研究了多种不同取向 Al-Cu-Mg 合金单晶的应力时效行为，考虑应力诱发的位错抑制位向效应的作用，建立了 Al-Cu-Mg 合金晶体学各向异性的应力时效析出强化模型。

5.1　应力时效后 S 析出相统计结果

5.1.1　S 析出相尺寸

按照晶体取向的差异将 Al-Cu-Mg 合金单晶试样分为 4 组，图 2-26 是 EBSD 测定单晶取向得到的 IPF 图。单晶试样首先在 525℃ 下固溶 2 h 后，水淬，然后在 180℃ 下时效 66 h，时效的同时垂直单晶取向 {hkl} 面加载 0, 30 MPa 和 50 MPa 大小的压缩应力。(1, -1, 8) 和 (3, 5, 6) 取向的单晶经无应力(0 MPa)人工时效及不同大小应力(30 MPa 和 50 MPa)时效后 [112]$_{Al}$ 晶带轴下的 TEM 照片，如图 5-1 所示。

[112] 晶带轴可以同时观察到 3 个 <100> 方向析出的 S 相，即 [100]$_s$，[010]$_s$

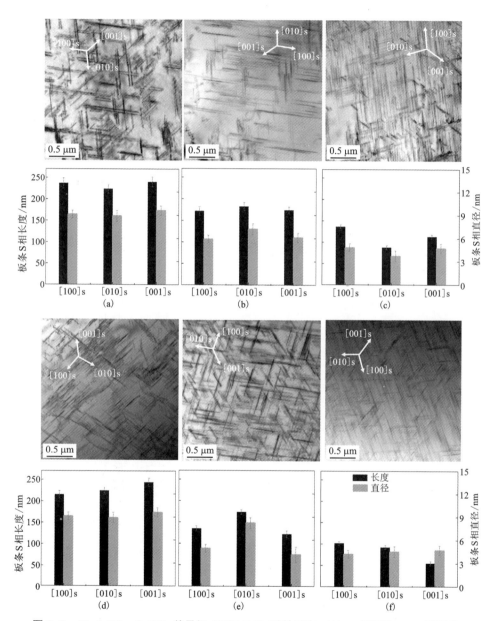

图 5-1　Al-1.2Cu-0.5Mg 单晶经 180℃/66 h 时效后在<112>_Al 轴下的 TEM 明场像

(a)面取向为(1,-1,8),0 MPa 人工时效;(b)面取向为(1,-1,8),30 MPa 应力时效;(c)面取向为(1,-1,8),50 MPa 应力时效;(d)面取向为(3,5,6),0 MPa 人工时效;(e)面取向为(3,5,6),30 MPa 应力时效;(f)面取向为(3,5,6),50 MPa 应力时效

和[001]_s。从图 5-1 可以看到当加载力逐渐增大(从 0 到 60 MPa)时，S 析出相的尺寸越来越细小，分布越来越弥散。对于每种应力下时效，统计了超过 10 张[112]晶带轴的 TEM 照片中板条状 S 相的长度 l、直径 D，结果列入表 5-1 中。

表 5-1　4 种面取向的 Al-1.2Cu-0.5Mg 合金单晶经无应力时效
及 30 MPa，50 MPa 应力时效后析出相的尺寸

加载应力	面取向	$l_{[100]_s}$	$l_{[010]_s}$	$l_{[001]_s}$	$D_{[100]_s}$	$D_{[010]_s}$	$D_{[001]_s}$
0 MPa	$(1\bar{1}8)$	236.2	223.0	239.2	9.1	8.9	9.6
	$(\bar{1}\,\bar{2}5)$	280.4	204.9	184.4	10.3	11.2	9.8
	(356)	214.5	223.6	243.2	8.7	9.2	9.6
	(319)	253.2	200.5	223.6	9.4	8.9	9.3
30 MPa	$(1\bar{1}8)$	171.3	181.8	173.5	5.9	7.2	6.1
	$(\bar{1}\,\bar{2}5)$	168.3	154.5	117.2	7.9	5.6	8.2
	(356)	134.6	173.3	121.7	5.8	5.1	7.9
	(319)	158.6	134.5	119.2	4.9	5.3	8.3
50 MPa	$(1\bar{1}8)$	135.9	87.1	112.8	4.8	3.7	4.7
	$(\bar{1}\,\bar{2}5)$	118.1	89.1	118.4	7.2	4.1	5.9
	(356)	101.2	91.7	54.6	4.2	4.5	4.7
	(319)	121.9	98.4	54.1	3.8	3.9	4.3

在较高应力下(如 50 MPa)时效后，在 Al-1.2Cu-0.5Mg 单晶[112]_{Al} 晶带轴的 TEM 照片中观察到了大量位错，且位错密度随着加载应力的增大而增大，如第 2 章中图 2-21 所示。

5.1.2　S 析出相分布

通过相图杠杆定律计算得到该成分 Al-1.2Cu-0.5Mg 合金析出相的总体积分数 $f_v = 0.0263$。<112>_{Al} 晶带轴下析出相分布的各向异性从[100]_s、[010]_s 和[001]_s 三个方向析出相的数目比例可以体现出来。采用投影图模拟析出相数目的分布并与实际观察结果比较，如图 5-2 所示，单个{012}面上生长四条 S 相，S 析出相之间等距离分布，则一个单元内共有 48 个 S 相。这些析出相从[112]_{Al} 晶带轴方向上投影下来，得到的投影示意图见图 5-2。对于无应力时效析出，三个<100>方向的析出相分布比例为[100]_s ∶ [010]_s ∶ [001]_s = 1.1∶1.1∶1。应力时效中，由于每个{012}惯习面所受的垂直压应力分量不同，S 析出相沿各方向的

分布比例不均匀，即所谓的应力位向效应，为了描述 S 相位向效应的程度，定义位向效应因子 α，见式(5-1)。统计了 4 种不同取向单晶经无应力时效及不同大小应力时效后 $[100]_S$，$[010]_S$ 和 $[001]_S$ 三个方向析出相的数目和比例，同时根据析出相的分布比例计算 α 的值，结果列入表 5-2 中。

$$\alpha = 10 \cdot \left[\frac{32}{11} \left(\frac{f_{[100]}}{f_v} \cdot \frac{f_{[010]}}{f_v} \cdot \frac{1.1 f_{[001]}}{f_v} \right)^{\frac{1}{3}} - 0.9 \right] = 30 \frac{(f_{[100]} \cdot f_{[010]} \cdot f_{[001]})^{\frac{1}{3}}}{f_v} - 9 \tag{5-1}$$

表 5-2　4 种面取向的 Al-1.2Cu-0.5Mg 合金单晶经无应力
时效及 30 MPa，50 MPa 应力时效后析出相的数目比例及位向效应程度

加载应力	面取向	$N([100]_S) : N([010]_S) : N([001]_S)$	$N([100]_S) : N([010]_S) : N([001]_S)$	α
0 MPa	$(1\bar{1}8)$	211 : 214 : 191	1.1 : 1.1 : 1	1
	$(\bar{1}\,\bar{2}5)$	244 : 238 : 215	1.1 : 1.1 : 1	1
	(356)	223 : 221 : 200	1.11 : 1.1 : 1	1
	(319)	199 : 205 : 183	1.08 : 1.12 : 1	1
30 MPa	$(1\bar{1}8)$	348 : 228 : 187	1.86 : 1.22 : 1	0.66
	$(\bar{1}\,\bar{2}5)$	384 : 308 : 243	1.58 : 1.27 : 1	0.83
	(356)	240 : 203 : 222	1.08 : 0.91 : 1	0.98
	(319)	353 : 289 : 201	1.76 : 1.44 : 1	0.74
50 MPa	$(1\bar{1}8)$	442 : 335 : 232	1.91 : 1.44 : 1	0.66
	$(\bar{1}\,\bar{2}5)$	335 : 266 : 228	1.46 : 1.16 : 1	0.88
	(356)	590 : 493 : 552	1.07 : 0.89 : 1	0.97
	(319)	365 : 345 : 217	1.68 : 1.59 : 1	0.75

以确定面取向的 Al-1.2Cu-0.5Mg 合金单晶经不同大小应力时效后的结果讨论加载应力对位向效应的影响，并建立加载应力和析出相强化的关系。聂剑锋等[25-27]推导出了适用于 <100>Al 型杆棒状析出相的时效强化模型，修正后的 Orowan 方程见式(5-2)。

$$\tau_p = \frac{G_{ij} b}{2\pi \sqrt{(1-v)}} \left[\frac{1}{\left(1.075 \sqrt{\frac{0.433\pi}{f}} - \sqrt{1.732} \right) D_p} \right] \ln \frac{\sqrt{1.732} D_p}{r_0} \tag{5-2}$$

其中，G_{ij} 是切变模量，b 是柏氏矢量的模，r_0 是位错切过的半径，将 TEM 得到的析出相的尺寸及体积分数等数据，带入式(5-2)中可用于计算 {012}-S 析出相的强化作用。

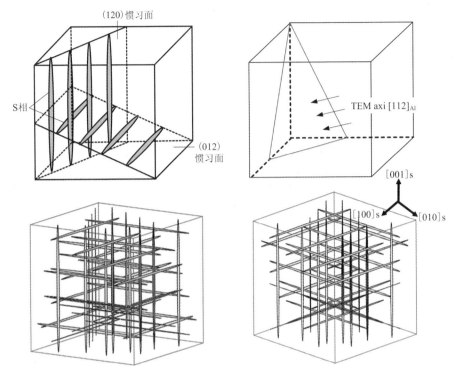

图 5-2 48 条 S 相在[112]$_{Al}$晶带轴的投影

5.2 晶体学各向异性的影响

晶体自身的各向异性导致不同取向的单晶体无应力人工时效后力学性能具有各向异性,性能测试(如硬度)方向一般垂直于晶体学取向。图 5-3(a)是 4 种不同面取向 Al-1.2Cu-0.5Mg 单晶在 180℃下无应力人工时效 66 h 后的维氏硬度值,硬度值测试方向垂直于纸面。对于合金单晶,时效后硬度值的不同,取决于测试方向(或者单晶的晶体学方向)与析出惯习面的远近程度。将不同单晶的取向表示在以(012)为中心的极图中[图 5-3(b)],结合图 5-3 的结果分析,靠近(012)极图中心的晶体取向,如(-1,-2,5)和(3,1,9),无应力时效后,分别从[-1,-2,5]和[3,1,9]方向测试得到的硬度值也最大;远离(012)极图中心的晶体取向,如(3,5,6),无应力时效后,从[3,5,6]方向测试得到的硬度值也最小。

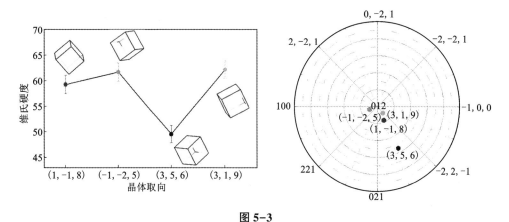

图 5-3

（a）4 种不同面取向 Al-1.2Cu-0.5Mg 单晶在 180℃ 下无应力人工时效 66 h 后的维氏硬度值；
（b）4 种取向单晶在（012）极图中的位置

为了描述时效析出后单晶的这种各向异性，引入取向因子 β，β 定义见式（5-3）：

$$\beta = \cos\theta \tag{5-3}$$

其中 θ 是单晶取向与 $\{012\}$ 取向的最小夹角。计算 4 种取向单晶的 β 因子，并将其随取向的变化与硬度随取向的变化在图 5-4 中对比，发现 β 因子随取向的变化规律与硬度值的基本吻合，可以用来描述晶体学各向异性对 Al-Cu-Mg 单晶

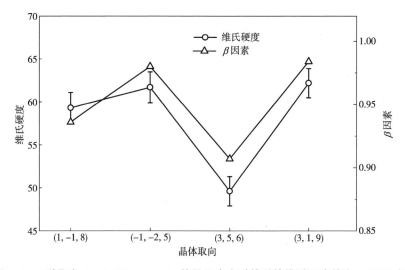

图 5-4　4 种取向 Al-1.2Cu-0.5Mg 单晶无应力时效后的维氏硬度值和 β 因子对比

体经无应力时效析出后力学性能的影响,并作为单晶应力时效后析出强化效果的一个权重因子。

5.3 加载应力对 S 析出相尺寸的影响

考虑加载应力作用下的时效过程中,板条状析出相尺寸(长度和直径)的变化。在应力场的作用下,析出相形核所需达到的临界半径减小,析出相更容易析出。通过对比图 5-1 中 S 析出相的明场像可以发现,随着时效过程中的加载应力从 0 增大到 50 MPa,时效析出的 S 相越来越弥散细小。根据式(5-2)可知,弥散细小的 S 析出相能提高强化效果。

分析表 5-1 中定量统计 TEM 照片得到的析出相尺寸与加载应力大小的关系。对于无应力时效析出,析出相的尺寸与晶体学取向无关;对于应力时效析出,不同取向单晶体在加载同样大小的压缩应力时,首先需要计算有效压缩应力,即考虑 5.2 节中所提出的晶体学各向异性取向因子 β。

建立应力时效中加载应力与析出相尺寸的关系,可用式(5-4)和式(5-5)表达:

$$l_p = l_{p0} - k_D \beta \sigma_c \qquad (5-4)$$
$$D_p = D_{p0} - k_l \beta \sigma_c \qquad (5-5)$$

其中,l_{p0} 和 D_{p0} 表示无应力人工时效后 S 析出相的尺寸,σ_c 表示应力时效中加载应力的大小,k_D 和 k_l 是由材料和时效制度决定的系数,对于本材料和 180 ℃/66 h 的时效制度,k_D 取 2.6,k_l 取 0.1。将通过实验测量与计算得到的板条状 S 析出相长度 L,直径 D 的值对比,分别如图 5-5 和图 5-6 所示。可见式(5-4)和(5-5)可用来预测 Al-Cu-Mg 合金经应力时效后 S 相的长度与直径变化情况,结合式(5-2),可以用来预测合金的应力时效强化效果。

5.4 应力时效 S 析出相位向效应

Al-Cu-Mg 合金单晶应力时效过程中,加载的压缩应力能促进与基体有负错配度的 S 相在与力垂直的惯习面上优先形核。当部分{012}惯习面上所承受的压缩力的分量超过位向效应临界应力值(对于 S 相,$CRES \geqslant 25$ MPa)时,这些{012}惯习面上 S 相数目较多,其余{012}惯习面上 S 相析出数目减少,从<112>$_{Al}$ 晶带轴的 TEM 投影来看,析出相的分布在某个<100>方向较多,其余的较少,从而出现位向效应,如图 5-7 所示。

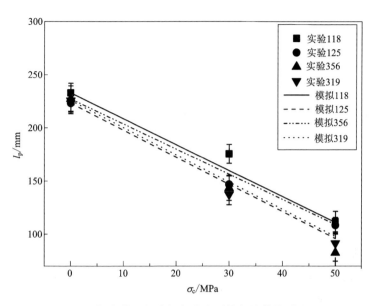

图 5-5　板条状 S 析出相长度实测值与计算值对比图

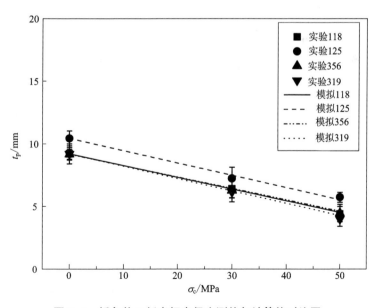

图 5-6　板条状 S 析出相直径实测值与计算值对比图

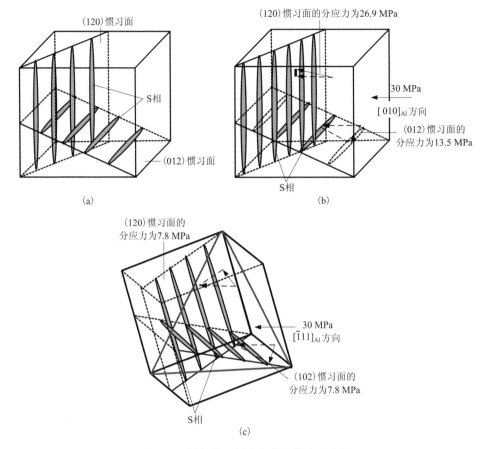

图5-7　板条状S析出相位向效应示意图

(a)无应力时效后Al-1.2Cu-0.5Mg单晶内S相的分布；(b)从[010]方向加载30 MPa压缩应力下时效，S相的分布；(c)从[-1, 1, 1]方向加载30 MPa压缩应力下时效，S相的分布

　　图5-7(a)是无应力时效后Al-1.2Cu-0.5Mg单晶内S相的分布，假设两个{012}面上S析出相都是4个。时效的同时从[010]方向加载30 MPa的压缩应力[图6-7(b)]，在(120)惯习面上应力分量是26.9 MPa，超过了位向效应临界应力值，应力会促进该惯习面上的S相的析出，从4条增加到6条；对应的(012)面上应力为13.5 MPa，并不会有促进析出的作用，由于析出的总量有限，(012)面上的S相从4条减到2条，出现了S相析出分布的各向异性，即应力位向效应。

　　当单晶的晶体学取向从(100)面取向变成(-1, 1, 1)面取向时[图5-7(c)]，即应力加载方向由[100]变成[-1, 1, 1]，同样在30 MPa的压缩应力下时效：在(120)和(102)惯习面上的应力分量均为7.8 MPa，远小于临界应力值，两个惯习面上 S 相的析出都不受加载应力的影响, S 相的个数都是 4 条, 与无应力时效相同。

　　为了建立晶体学取向与 S 析出相位向效应的关系, 假设单晶的面取向为 (hkl), 加载力 σ 垂直于单晶晶面取向, 即力的方向为 $[hkl]$。Al–1.2Cu–0.5Mg 合金出现应力位向效应有一个临界应力值, 设为 σ_m, (hkl) 取向的单晶应力时效时 S 相出现位向效应, 需要在 (120), (012) 和 (201) 三类惯习面上应力分量至少有一个超过产生位向效应的临界应力值。条件为式 (5–6) 中三个表达式至少一个成立。

$$\begin{cases} \dfrac{h+2k}{\sqrt{5}\cdot\sqrt{h^2+k^2+l^2}}\cdot\sigma\geqslant\sigma_m \\[3mm] \dfrac{k+2l}{\sqrt{5}\cdot\sqrt{h^2+k^2+l^2}}\cdot\sigma\geqslant\sigma_m \\[3mm] \dfrac{2h+l}{\sqrt{5}\cdot\sqrt{h^2+k^2+l^2}}\cdot\sigma\geqslant\sigma_m \end{cases} \tag{5–6}$$

　　当加载应力为 30 MPa 时, 由上述 3 个公式可知对于 (hkl) 为 $\{100\}$ 型取向, 有两类 $\{012\}$ 惯习面受力, 且受力分别为 $1/\sqrt{5}\sigma$ 和 $2/\sqrt{5}\sigma$, 受力为 $2/\sqrt{5}\sigma$ 的惯习面会有 S 相的优先析出, 出现位向效应。对于 $\{101\}$ 型取向, 3 类 $\{012\}$ 惯习面均受力, 受力大小为 $1/\sqrt{10}\sigma$, $2/\sqrt{10}\sigma$, $3/\sqrt{10}\sigma$, 受力为 $3/\sqrt{10}\sigma$ 的惯习面应力分量较大, 相比 $\{100\}$ 型取向会有更多 S 相的优先析出, 位向效应更严重。对于 $\{111\}$ 型取向的单晶, 三类 $\{012\}$ 惯习面受力大小均为 $3/\sqrt{15}\sigma$, 应力平均分解在 3 个惯习面上, 单个惯习面上受力最小, 基本不会出现位向效应, $\{111\}$ 取向为 S 析出相的位向效应弱取向。根据式 (5–6) 和以上推导过程, 定义位向效应取向因子 q, 描述应力时效中加载应力方向对位向效应的影响, 并将其作为位向效应影响时效后力学性能的权重, 定义 q 见式 (5–7):

$$q = \cos\lambda \tag{5–7}$$

　　其中 λ 是单晶面取向与位向效应弱取向的最小夹角。对于 S 析出相, λ 是 Al–Cu–Mg 单晶体面取向与 (111) 面的最小夹角。

　　计算位向效应取向因子 q, 将位向效应取向因子 q 与 4 种取向 Al–1.2Cu–0.5Mg 单晶 30 MPa 下应力时效后的 S 相分布的位向效应因子 α 的变化对比, 如表 5–3 和图 5–8 所示。

表 5-3　位向效应取向因子 q 与 30 MPa 下应力时效后的 S 相的位向效应因子 α 的变化对比

面取向	(1, −1, 8)	(−1, −2, 5)	(3, 5, 6)	(3, 1, 9)
α	0.660	0.830	0.980	0.740
q	0.711	0.843	0.966	0.787

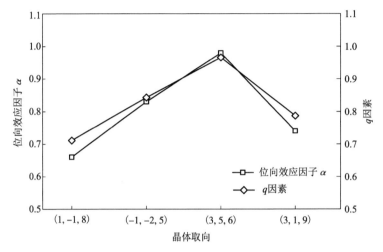

图 5-8　位向效应取向因子 q 与 30 MPa 下应力
时效后的 S 相的位向效应因子 α 的变化对比

从图 5-8 可以看到, 30 MPa 下应力时效后, 描述 Al-1.2Cu-0.5Mg 单晶中 S 析出相位向效应的 α 因子与位向效应取向因子 q 在多个取向都基本相同, 因此, 可以用 q 因子, 即 Al-Cu-Mg 单晶面取向与(111)取向的关系, 来预测 30 MPa 下应力时效后 S 析出相的位向效应。

将因子 q 考虑在 30 MPa 应力时效的力学性能预测中, 如图 5-9 所示。其中, $Q = \beta \cdot q = \cos\theta \cdot \cos\lambda$, 是综合考虑单晶各向异性和应力位向效应后的权重, 用于拟合 30 MPa 下应力时效后的力学性能。综合计算 Q 因子的结果见表 5-4。

表 5-4　综合考虑单晶各向异性和应力位向效应后的权重因子 Q 的变化

面取向	(1, −1, 8)	(−1, −2, 5)	(3, 5, 6)	(3, 1, 9)
β	0.936	0.980	0.907	0.984
q	0.711	0.843	0.966	0.787
Q	0.665	0.826	0.876	0.774

从图 5-9 可以看到，Q 随晶体取向的变化规律与 30 MPa 下应力时效后 Al-1.2Cu-0.5Mg 单晶的硬度值基本一致。综合考虑描述单晶各向异性的 β 因子和应力位向效应 q 因子可以预测以 S 相为主要强化相的 Al-Cu-Mg 合金在低应力下蠕变时效后的力学性能。

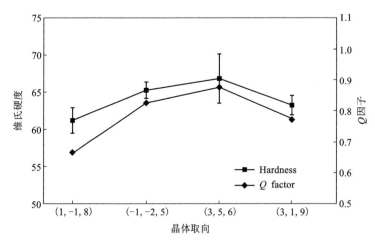

图 5-9　4 种取向 Al-1.2Cu-0.5Mg 单晶
30 MPa 下应力时效后的维氏硬度值和 Q 因子对比

5.5　位错抑制 S 相析出位向效应的作用

应力时效中，当加载应力很大时，根据 Schmid 定律，作用在滑移面上沿着滑移方向的分切应力达到临界分切应力时，就会发生位错滑移，随着加载应力的增大，单晶内位错密度增大，如图 5-10 所示。位错给 S 相提供优先形核的质点，图 5-10 的示意图中，位错主要影响滑移面 {111} 与惯习面 {012} 相交部位的析出，滑移面和惯习面的交线越多，这种抑制析出位向效应的作用就越强。之前的研究发现，S 相相比以 {100} 为惯习面的 θ 析出相，是位错滑移面 {111} 交线 5 倍多，如图 5-11 所示。因此，加载应力产生的位错对 S 相析出的影响不可忽略，大量的位错能在一定程度上抑制 S 相的位向效应。

当从 (010) 面取向加载 30 MPa 压缩应力时，(111) 滑移面上两个滑移系的应力较小，位错发生滑移的数目较少，少量的位错对 S 相析出的促进作用不足以影响 S 相的位向效应；当加载应力较高 (如 50 MPa) 时，位错的大量滑移使单晶内位错密度急剧升高，如图 5-10 所示，大量位错会促进在 {111} 滑移面与 {012} 惯习面的交线附近区域 S 相的析出，由于 {111} 面和 {012} 面有大量的交线，S 相会均

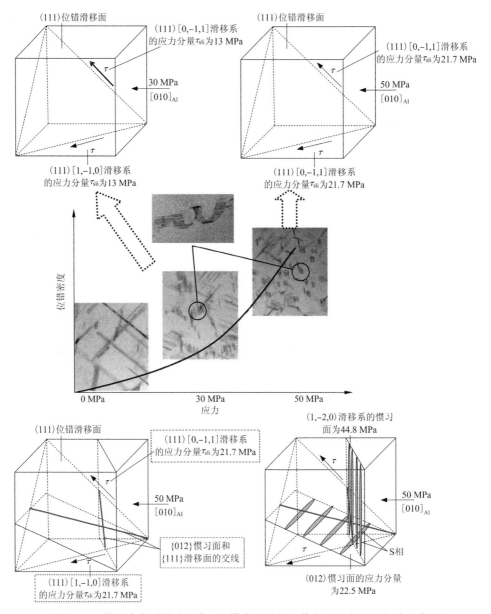

图 5-10　单晶应力时效过程中，位错密度随着加载应力增大而增多的示意图

匀弥散析出，从而抑制应力时效中的位向效应。

高应力下时效，位错抑制 S 相析出位向效应的作用除了与应力大小有关外，还与加载应力的取向有关。即加载应力在位错滑移面上的切应力分量越大，位错数目越多，抑制位向效应的作用也越明显。

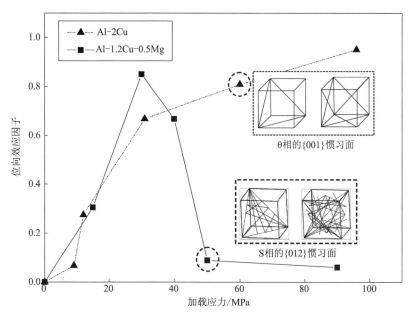

图 5-11　Al-Cu 单晶和 Al-Cu-Mg 单晶应力时效过程中，位向效应与加载应力关系图

　　加载应力的大小相同时，位错密度取决于晶体取向和 {111} 位错滑移面的关系，定义因子 R_{dis} 来描述位错抑制位向效应的作用：

$$R_{dis} = \sin t \qquad\qquad (5-8)$$

　　其中，t 是单晶面取向与位错滑移面的最大夹角。在 Al-Cu-Mg 合金的 S 析出相中，t 是对应的单晶体面取向与 (111) 面的最大夹角。计算 4 种取向 Al-1.2Cu-0.5Mg 单晶的 R_{dis} 因子，将 R_{dis} 因子的值和应力位向效应因子 q 同时考虑，与 4 种取向 Al-1.2Cu-0.5Mg 单晶 50 MPa 下应力时效后的 S 相分布的位向效应因子 α 的变化对比，如表 5-5 和图 5-12 所示。

表 5-5　4 种取向 Al-1.2Cu-0.5Mg 单晶 R_{dis} 因子的值

面取向	$(1, -1, 8)$	$(-1, -2, 5)$	$(3, 5, 6)$	$(3, 1, 9)$
α	0.660	0.830	0.980	0.740
q	0.711	0.843	0.966	0.787
R_{dis}	0.905	0.977	0.990	0.953
$q \cdot R_{dis}$	0.643	0.824	0.956	0.750

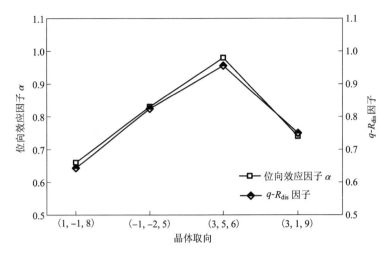

图 5-12　Al-1.2Cu-0.5Mg 单晶 50 MPa 下应力时效后的
S 相分布的位向效应因子 α 的变化对比

从图 5-12 可以看到，50 MPa 下应力时效后，同时考虑应力位向效应因子 q 和位错抑制位向效应 R_{dis} 因子，来描述高应力时效（50 MPa）后 Al-1.2Cu-0.5Mg 单晶中 S 析出相位向效应。α 与 $q \cdot R_{dis}$ 因子的值在多个取向都基本一致，因此，可以用 R_{dis} 因子，即 Al-Cu-Mg 单晶面取向与（111）取向的关系，来预测 50 MPa 下应力时效中位错抑制 S 析出相位向效应的作用。

综合考虑单晶各向异性、应力位向效应及高应力下位错对析出位向效应抑制作用后的权重因子 $\beta \cdot q \cdot R_{dis}$，计算结果如表 5-6 所示。

因子在高应力时效（如 50 MPa）的力学性能预测中考虑 R_{dis}，与 4 种取向 Al-1.2Cu-0.5Mg 单晶 50 MPa 下应力时效后的硬度值对比，如图 5-13 所示。

表 5-6　权重因子 $\beta \cdot q \cdot R_{dis}$

面取向	(1, -1, 8)	(-1, -2, 5)	(3, 5, 6)	(3, 1, 9)
β	0.936	0.980	0.907	0.984
$\beta \cdot q \cdot R_{dis}$	0.602	0.808	0.867	0.738

综上所述，对于低应力时效过程，可以用取向因子 β 和位向效应取向因子 q 对基于随机取向且无应力时效的析出强化模型进行晶体学取向的修正，如式（5-9）：

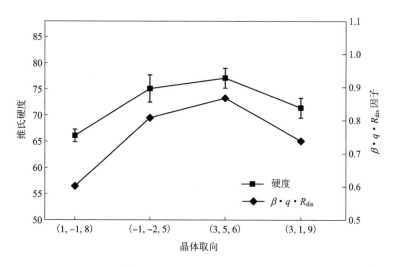

图 5-13　4 种取向 Al-1.2Cu-0.5Mg 单晶 50 MPa 下
应力时效后的维氏硬度值和 $\beta \cdot q \cdot R_{dis}$ 对比

$$\tau_{p} = \beta \cdot q \cdot \tau_{p0} \tag{5-9}$$

对于高应力时效过程，不可以忽略位错的作用，除了用取向因子 β 和位向效应取向因子 q 外，还要考虑位错抑制位向效应作用的因子 R_{dis}，对析出强化模型进行修正，即式(5-10)：

$$\tau_{p} = R_{dis} \cdot \beta \cdot q \cdot \tau_{p0} \tag{5-10}$$

其中，τ_{p0} 由式(5-2)计算得到。

5.6　本章小结

本文以 4 种取向[(1, -1, 8), (-1, -2, 5), (3, 5, 6)和(3, 1, 9)面取向]的 Al-1.2Cu-0.5Mg 合金单晶为研究对象，研究了其在多种应力条件(0, 30 MPa 和 50 MPa)下时效后 S 相的析出行为和其对硬度值的影响。

通过分析无应力及应力时效后 S 析出相的 TEM 图片和硬度的结果，发现 Al-Cu-Mg 合金应力时效后的析出相分布和硬度值取决于三方面的影响：

(1)材料自身的织构组态。如本研究中不同取向的 Al-Cu-Mg 合金单晶体，无应力时效后硬度值的不同，取决于测试方向(或者单晶的晶体学方向)与析出惯习面的远近程度。靠近(012)极图中心的晶体取向，如(-1, -2, 5)和(3, 1, 9)，无应力时效后,分别从[-1,-2,5]和[3,1,9]方向测试得到的硬度值也最大;远离(012)极图中心的晶体取向,如(3,5,6),无应力时效后,从[3,5,6]方向测试得到的硬度值也最小。引入取向因子 β 来描述晶体学各向异性对 Al-Cu-Mg 单晶体经无应力时效析出后力学性能的影响,并作为单晶应力时效后析出强化效果的一个权重因子。

(2)加载应力对析出相尺寸、分布的影响,加载应力有两方面的作用。随着加载应力的增大,析出相越来越弥散细小,根据式(5-2)弥散细小的 S 析出相提高材料的屈服强度;时效过程中加载应力会出现 S 析出相位向效应,导致材料力学性能的各向异性,材料的屈服强度下降。根据不同应力下时效 S 析出相尺寸变化,建立应力时效中加载应力与析出相尺寸的关系,来预测 Al-Cu-Mg 合金经应力时效后 S 相的长度与直径变化情况,结合式(5-2),可以用来预测合金的应力时效强化效果。建立了晶体学取向与 S 析出相位向效应的关系,定义位向效应取向因子 q,描述应力时效中加载应力方向对位向效应的影响,并将其作为位向效应影响时效后力学性能的权重,综合考虑描述单晶各向异性的 β 因子和应力位向效应 q 因子可以预测以 S 相为主要强化相的 Al-Cu-Mg 合金在低应力下蠕变时效后的力学性能。

(3)位错抑制相析出位向效应的作用。应力时效中,当加载应力很大时,应力产生的位错对 S 相析出的影响不可忽略,大量的位错能在一定程度上抑制 S 相的位向效应。相比 Al-Cu 合金中的 θ 析出相,对于 Al-Cu-Mg 合金的 S 析出相位错的抑制作用更加明显。高应力下时效,位错抑制 S 相析出位向效应的作用除了与应力大小有关外,还与加载应力的取向有关。即加载应力在位错滑移面上的切应力分量越大,位错数目越多,抑制位向效应的作用也越明显。定义因子 R_{dis} 来描述位错抑制位向效应的作用,综合考虑 β 因子,应力位向效应因子 q 和位错抑制位向效应 R_{dis} 因子,可以预测高应力时效(50 MPa)后 Al-1.2Cu-0.5Mg 单晶中 S 析出相的强化效果。

结合不同晶体学取向的 Al-1.2Cu-0.5Mg 单晶在不同应力下应力时效的实验结果,建立了基于晶体学各向异性,应力场诱导相析出位向效应,以及高加载应力下位错对析出位向效应抑制作用的应力时效析出强化模型,并与实验测得的硬度值对比,发现模型计算的结果基本符合实验规律。

第 6 章　应力时效下 Al-Cu-Mg-Ag 合金析出相及其强化效果

Al-Cu-Mg-Ag 合金的析出强化相主要为 Ω 相，θ' 相和 S 相。Ω 相在高温下很稳定的特性使该合金在航空航天中有大量应用，所注册的牌号为 2139 铝合金。第 4 章和第 5 章分别研究了单一 θ' 或者 S 相在加载应力下的时效强化效果，本章基于前两章的研究基础，以不同晶体学取向的 Al-Cu-Mg-Ag 单晶为研究对象，表征了应力时效时 Ω，θ' 和 S 3 种纳米强化相的析出行为。结合应力时效后 Al-Cu-Mg-Ag 合金单晶的硬度性能，探讨了多种相混合析出下的应力时效强化规律。

6.1　Al-Cu-Mg-Ag 合金单晶应力时效实验

采用第 2 章中所描述的方法制备了 5 种取向的 Al-Cu-Mg-Ag 合金单晶，使用扫描电镜下的电子背散射衍射（EBSD）测定了 5 个单晶的晶体学取向，结果如图 6-1 所示。5 种单晶的取向以 $\{hkl\}[uvw]$ 的方式表示分别为（a）：（-2, 1, 5）[14, 13, 3]；（b）：（6, -5, 10）[20, 6, -9]；（c）：（-3, 1, 3）[15, 6, 13]；（d）：（2, 1, 2）[2, -2, -1]；（e）：（1, 4, 4）[-28, -4, 11]。将每种单晶体切片分成 4 等份，在 520℃下固溶 2 h，冷水中淬火，垂直单晶面取向加载 0 MPa，50 MPa，100 MPa 和 150 MPa 的压应力，同时置于 180℃ 的空气炉中保温时效 53 h。从时效后的 Al-Cu-Mg-Ag 合金单晶体上制备 TEM 试样，在透射电镜下观察析出相的种类、尺寸及分布。实验所用材料晶体学取向及加载应力条件列于表 6-1 中。

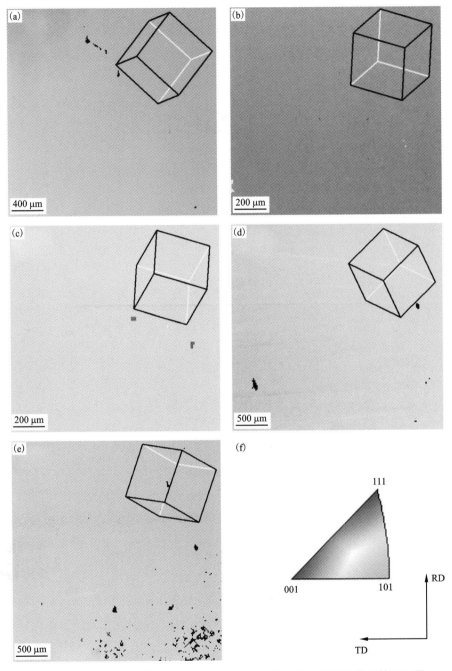

图 6-1 EBSD 测定五种 Al-Cu-Mg-Ag 合金单晶体晶体学取向得到的 IPF 图

(a): (-2, 1, 5) [14, 13, 3]; (b): (6, -5, 10) [20, 6, -9]; (c): (-3, 1, 3) [15, 6, 13]; (d): (2, 1, 2) [2, -2, -1]; (e): (1, 4, 4) [-28, -4, 11]

表 6-1　不同晶体学取向的 Al-Cu-Mg-Ag 单晶应力时效实验条件

单晶体面取向	加载应力条件/MPa			
(-2, 1, 5)	0	50	100	150
(6, -5, 10)	0	50	100	150
(-3, 1, 3)	0	50	100	150
(2, 1, 2)	0	50	100	150
(1, 4, 4)	0	50	100	150

6.2　应力时效后 Ω，θ′和 S 析出相统计结果

　　Al-Cu-Mg-Ag 合金时效后的纳米析出相主要有 Ω 相，θ′相和 S 相。从透射电镜的<110>轴下观察试样能同时观察到三种析出相的分布情况，如图 6-2 所示。电子束平行于单晶体的[110]方向，即 TEM 投影面为(110)面，如图 6-2 中用黑框面表示，在该投影方向上只能观察到与(110)面垂直的惯习面上的盘片状析出相，对于 Ω 盘片相，(1, -1, 1)和(-1, 1, 1)惯习面上的析出相在<110>轴下的 TEM 照片中呈现细针状，每个 Ω 析出相表示该面上所有 Ω 相的投影；对于 θ′盘片相，只有(001)惯习面垂直于(110)投影面，TEM 照片中能观察到所有(001)面上 θ′盘片相的 egde-on 投影，与观察到的 Ω 相投影类似。S 相为板条状，TEM 下该析出相的投影与盘片状析出相不同，所有 12 个{012}惯习面上的 S 相都能被投影到 TEM 图片中，如图 6-2 所示，(110)轴下 TEM 照片中，平行于[1, -1, 0]方向(即平行方向)上有 8 个{012}面上的 S 相投影；平行于[001]方向(即垂直方向)上有 4 个{012}面上的 S 相投影。

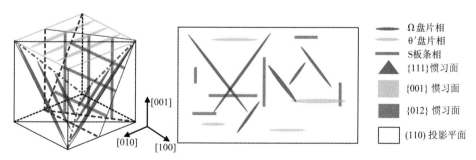

图 6-2　从透射电镜的[110]轴下观察 Ω，θ′和 S 析出相的示意图

从(110)投影面可以同时观察到三种析出相的分布，包括(1, -1, 1)和(-1, 1, 1)惯习面上的 Ω 盘片相，(001)惯习面上的 θ′盘片相以及 12 个{012}惯习面上的 S 板条相

为了研究外部加载应力对 Al-Cu-Mg-Ag 单晶时效后析出相种类、尺寸及分布的影响，首先观察并统计了未加载应力的 Al-Cu-Mg-Ag 合金单晶经过 180℃ 时效 53 h 后的析出行为。

图 6-3 是 (-2, 1, 5)，(6, -5, 10)，(-3, 1, 3)，(2, 1, 2) 和 (1, 4, 4) 面取向单晶无应力人工时效后 <110> 轴下的 TEM 照片，结合图 6-2 对析出相投影方向的分析，<110> 轴能同时观察到 Ω 相，θ′相和 S 相。对于无应力时效的单晶体，析出相的分布与晶体学取向无关，不同取向的单晶体无应力时效后析出相行为应基本相同，但是考虑到不同单晶取样位置不同，材料的初始条件如位错密度、成分以及杂质含量也可能有所差别，因此，观察并统计了每一种单晶体无应力时效后的析出相。从图 6-3 可以看到，无应力时效后，Ω 相的数目最多，分布最为密集；S 相的尺寸较大但数量明显少于 Ω 相，且分布稀疏；θ′相的数目最少，只有零星的几个。

对于每种取向单晶，分别统计了 8~10 张 TEM 照片，图 6-4，图 6-5，图 6-6，图 6-7 和图 6-8 分别为 (-2, 1, 5)，(6, -5, 10)，(-3, 1, 3)，(2, 1, 2) 和 (1, 4, 4) 面取向的 Al-Cu-Mg-Ag 合金单晶无应力时效后 Ω 相，θ′相和 S 相的尺寸统计结果，根据图 6-2 的分析，Ω 相两个变体 Ω_1 和 Ω_2，S 相的两个变体 S_1 和 S_2 以及 θ′相的一个变体可以被观察到，某个变体代表某一个惯习面上的析出相。统计结果表明，四种取向单晶经常规无应力时效后，各析出相的数目比例及尺寸有所差别。

对于 (-2, 1, 5) 面取向的单晶 Ω_1 相数目比例为 55%，析出相平均尺寸为 76.7 nm；Ω_2 相数目比例为 29.6%，平均尺寸为 95 nm；S_1 相数目比例为 5.9%，平均尺寸为 213.4 nm；S_2 相数目比例为 2.8%，平均尺寸为 87.5 nm；θ′相数目比例为 6.6%，平均尺寸为 110.1 nm。对于 (6, -5, 10) 面取向的单晶 Ω_1 相数目比例为 49.2%，析出相平均尺寸为 83.8 nm；Ω_2 相数目比例为 42.4%，平均尺寸为 84.3 nm；S_1 相数目比例为 2.4%，平均尺寸为 116.3 nm；S_2 相数目比例为 5.2%，平均尺寸为 82.3 nm；θ′相数目比例为 0.8%，平均尺寸为 73 nm。

对于 (-3, 1, 3) 面取向的单晶 Ω_1 相数目比例为 39.7%，平均尺寸为 44.3 nm；Ω_2 相数目比例为 52%，平均尺寸也是 40.4 nm；S_1 相数目比例为 3%，平均尺寸为 177.5 nm；S_2 相数目比例为 4.6%，平均尺寸为 89.4 nm；θ′相数目比例为 0.7%，平均尺寸为 86.8 nm。对于 (2, 1, 2) 面取向的单晶 Ω_1 相数目比例为 34.5%，平均尺寸为 103.5 nm；Ω_2 相数目比例为 30.7%，平均尺寸为 110.4 nm；S_1 相数目比例为 14.3%，平均尺寸为 130.5 nm；S_2 相数目比例为 16.8%，平均尺寸为 97.3 nm；θ′相数目比例为 3.7%，平均尺寸为 90.4 nm。对于 (1, 4, 4) 面取向的单晶 Ω_1 相数目比例为 45.5%，平均尺寸为 101.4 nm；Ω_2 相数目比例为 29.9%，平均尺寸为 103.8 nm；S_1 相数目比例为 8.4%，平均尺寸为 168.4 nm；S_2 相数目比例为 12.8%，平均尺寸为 90.3 nm；θ′相数目比例为 3.4%，平均尺寸为 77.1 nm。

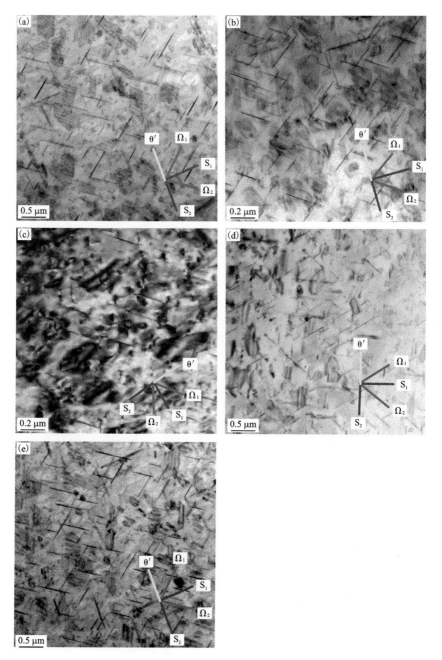

图 6-3　无加载应力条件下，Al-Cu-Mg-Ag 合金单晶经过 180℃
时效 53 h 后<110>轴下的 TEM 照片

(a)(-2, 1, 5) [14, 13, 3]取向的单晶；(b)(6, -5, 10) [20, 6, -9]取向的单晶；(c)(-3, 1, 3) [15, 6, 13]取向的单晶；(d)(2, 1, 2) [2, -2, -1] 取向的单晶；(e)(1, 4, 4) [-28, -4, 11]取向的单晶

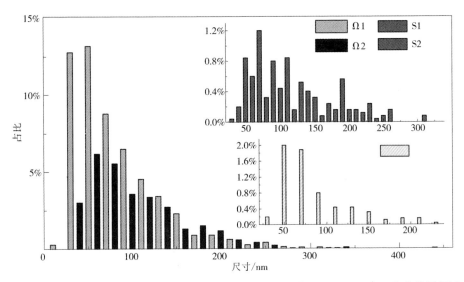

图 6-4　无加载应力条件下，(-2, 1, 5) [14, 13, 3]取向的 Al-Cu-Mg-Ag 合金单晶经过 180℃时效 53 h 后统计<110>轴下的 TEM 照片得到的 Ω 相，θ′相和 S 相的尺寸分布

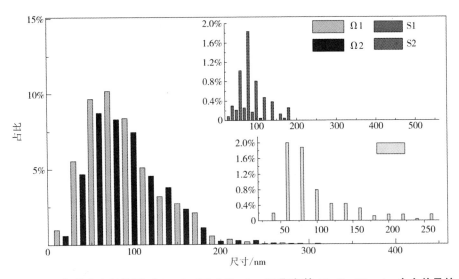

图 6-5　无加载应力条件下，(6, -5, 10) [20, 6, -9]取向的 Al-Cu-Mg-Ag 合金单晶的 Ω 相，θ′相和 S 相的尺寸分布

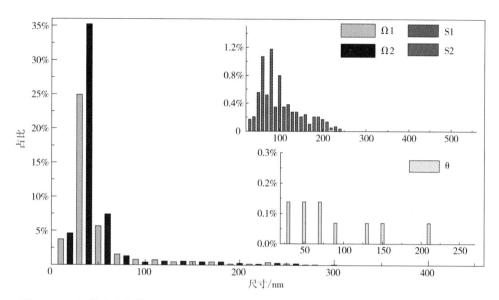

图 6-6　无加载应力条件下，(-3, 1, 3)［15, 6, 13］取向的 Al-Cu-Mg-Ag 合金单晶的 Ω 相，θ′相和 S 相的尺寸分布

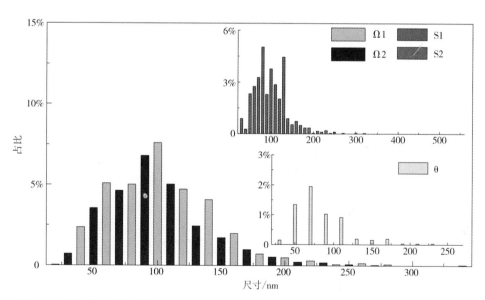

图 6-7　无加载应力条件下，(2, 1, 2)［2, -2, -1］取向的 Al-Cu-Mg-Ag 合金单晶的 Ω 相，θ′相和 S 相的尺寸分布

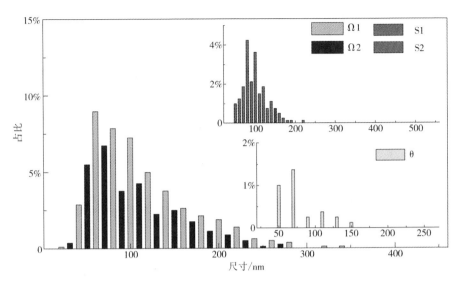

图 6-8　无加载应力条件下，(1，4，4)［-28，-4，11］取向的 Al-Cu-Mg-Ag 合金单晶的 Ω 相，θ′相和 S 相的尺寸分布

图 6-9 是 (-2，1，5)，(6，-5，10)，(-3，1，3)，(2，1，2) 和 (1，4，4) 面取向单晶在 50 MPa 压缩应力下于 180℃时效 53 h 后 <110> 轴下的 TEM 照片，<110> 轴能同时观察到 Ω 相，θ′相和 S 相。对于每种取向单晶，分别统计了 8~10 张 TEM 照片，图 6-10，图 6-11，图 6-12，图 6-13 和图 6-14 分别为 (-2，1，5)，(6，-5，10)，(-3，1，3)，(2，1，2) 和 (1，4，4) 面取向的 Al-Cu-Mg-Ag 合金单晶在 50 MPa 下应力时效后 Ω 相的 Ω_1 和 Ω_2 变体，θ′相和 S 相的两个变体 S_1 和 S_2 的尺寸统计结果。

对于 (-2，1，5) 面取向的单晶 Ω_1 相数目比例为 35.2%，析出相平均尺寸为 78.7 nm；Ω_2 相数目比例为 39.6%，平均尺寸为 81.9 nm；S_1 相数目比例为 13.4%，平均尺寸为 127.1 nm；S_2 相数目比例为 7.5%，平均尺寸为 87.5 nm；θ′相数目比例为 4.3%，平均尺寸为 77.9 nm。对于 (6，-5，10) 面取向的单晶 Ω_1 相数目比例为 39.0%，析出相平均尺寸为 67.1 nm；Ω_2 相数目比例为 44.5%，平均尺寸为 67.6 nm；S_1 相数目比例为 7.0%，平均尺寸为 85.6 nm；S_2 相数目比例为 7.9%，平均尺寸为 61.2 nm；θ′相数目比例为 1.6%，平均尺寸为 52.8 nm。对于 (-3，1，3) 面取向的单晶 Ω_1 相数目比例为 38.5%，平均尺寸为 68 nm；Ω_2 相数目比例为 44.1%，平均尺寸也是 62.9 nm；S_1 相数目比例为 2.0%，平均尺寸为 53.7 nm；S_2 相数目比例为 13.6%，平均尺寸为 84 nm；θ′相数目比例为 1.8%，平均尺寸为 45.9 nm。

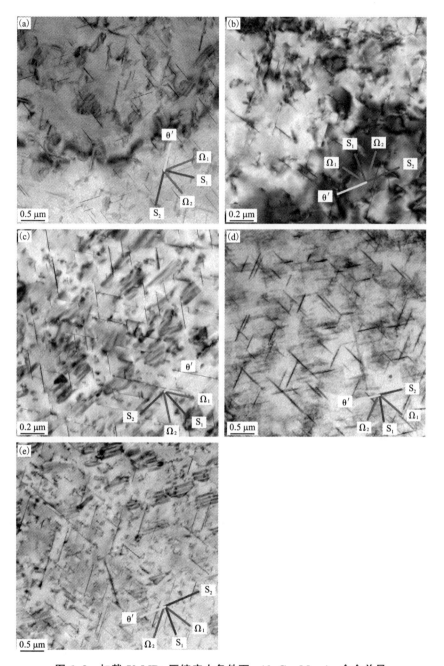

图 6-9　加载 50 MPa 压缩应力条件下，Al-Cu-Mg-Ag 合金单晶
经过 180℃时效 53 h 后<110>轴下的 TEM 照片

(a)(-2, 1, 5) [14, 13, 3]取向的单晶；(b)(6, -5, 10) [20, 6, -9]；(c)(-3, 1, 3)
[15, 6, 13]；(d)(2, 1, 2) [2, -2, -1]；(e)(1, 4, 4) [-28, -4, 11]

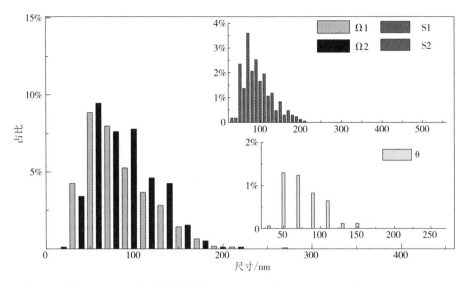

图 6-10　加载 50 MPa 压缩应力条件下，(-2, 1, 5)［14, 13, 3］取向的 Al-Cu-Mg-Ag 合金单晶的 Ω 相，θ′相和 S 相的尺寸分布

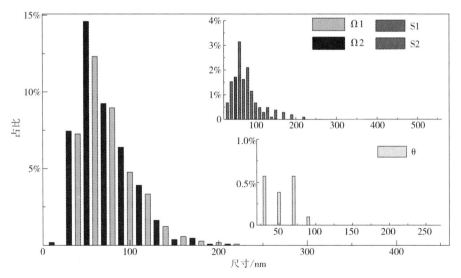

图 6-11　加载 50 MPa 压缩应力条件下，(6, -5, 10)［20, 6, -9］取向的 Al-Cu-Mg-Ag 合金单晶的 Ω 相，θ′相和 S 相的尺寸分布

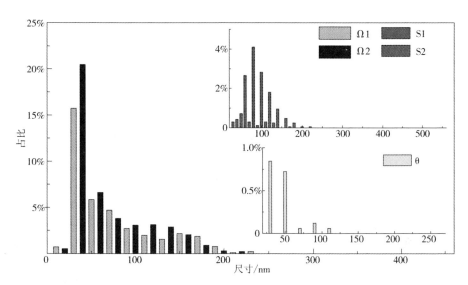

图 6-12　加载 50 MPa 压缩应力条件下，(-3, 1, 3) [15, 6, 13] 取向的 Al-Cu-Mg-Ag 合金单晶的 Ω 相，θ′相和 S 相的尺寸分布

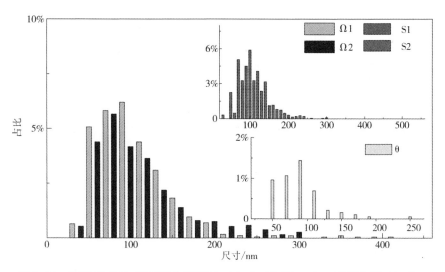

图 6-13　加载 50 MPa 压缩应力条件下，(2, 1, 2) [2, -2, -1] 取向的 Al-Cu-Mg-Ag 合金单晶的 Ω 相，θ′相和 S 相的尺寸分布

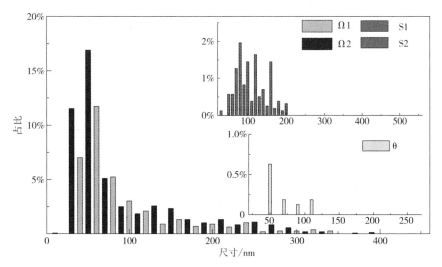

图 6-14 加载 **50 MPa** 压缩应力条件下，**(1，4，4)** **[-28，-4，11]** 取向的 **Al-Cu-Mg-Ag** 合金单晶的 **Ω** 相，**θ′** 相和 **S** 相的尺寸分布

对于 (2，1，2) 面取向的单晶 Ω_1 相数目比例为 29.5%，平均尺寸为 99.9 nm；Ω_2 相数目比例为 25.4%，平均尺寸为 103.6 nm；S_1 相数目比例为 20.6%，平均尺寸为 111.9 nm；S_2 相数目比例为 19.7%，平均尺寸为 108.7 nm；θ′ 相数目比例为 4.8%，平均尺寸为 88.2 nm。对于 (1，4，4) 面取向的单晶 Ω_1 相数目比例为 35.8%，平均尺寸为 84.3 nm；Ω_2 相数目比例为 50.4%，平均尺寸为 87.2 nm；S_1 相数目比例为 4.2%，平均尺寸为 140.5 nm；S_2 相数目比例为 8.4%，平均尺寸为 106.4 nm；θ′ 相数目比例为 1.1%，平均尺寸为 67.8 nm。

图 6-15 是 (-2，1，5)，(6，-5，10)，(-3，1，3)，(2，1，2) 和 (1，4，4) 面取向单晶在 100 MPa 压缩应力下于 180℃ 时效 53 h 后 <110> 轴下的 TEM 照片，<110> 轴能同时观察到 Ω 相，θ′ 相和 S 相。对于每种取向单晶，分别统计了 8~10 张 TEM 照片，图 6-16，图 6-17，图 6-18，图 6-19 和图 6-20 分别为 (-2，1，5)，(6，-5，10)，(-3，1，3)，(2，1，2) 和 (1，4，4) 面取向的 Al-Cu-Mg-Ag 合金单晶在 100 MPa 下应力时效后 Ω 相的 Ω_1 和 Ω_2 变体，θ′ 相和 S 相的两个变体 S_1 和 S_2 的尺寸统计结果。

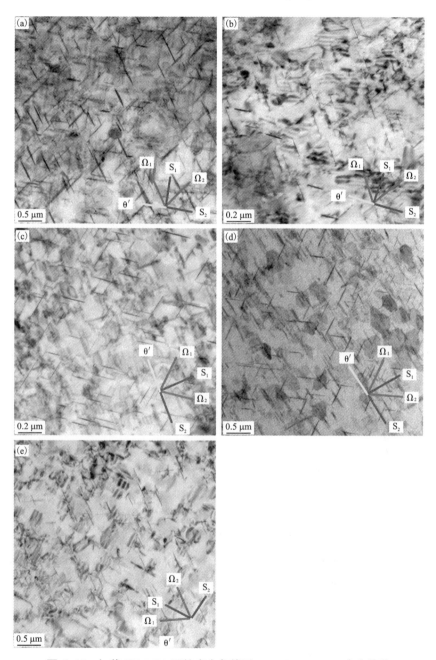

图 6-15 加载 100 MPa 压缩应力条件下, Al-Cu-Mg-Ag 合金单晶
经过 180℃时效 53 h 后<110>轴下的 TEM 照片

(a)(-2, 1, 5) [14, 13, 3]取向的单晶; (b)(6, -5, 10) [20, 6, -9]取向的单晶; (c)(-3, 1, 3) [15, 6, 13]取向的单晶; (d)(2, 1, 2) [2, -2, -1]取向的单晶; (e)(1, 4, 4) [-28, -4, 11]取向的单晶

对于(-2, 1, 5)面取向的单晶 Ω_1 相数目比例为 34.7%，析出相平均尺寸为 90.1 nm；Ω_2 相数目比例为 25.9%，平均尺寸为 98.1 nm；S_1 相数目比例为 17.9%，平均尺寸为 161.7 nm；S_2 相数目比例为 15%，平均尺寸为 88.9 nm；θ' 相数目比例为 6.4%，平均尺寸为 81.7 nm。对于(6, -5, 10)面取向的单晶 Ω_1 相数目比例为 44.4%，析出相平均尺寸为 60.5 nm；Ω_2 相数目比例为 39.6%，平均尺寸为 56.1 nm；S_1 相数目比例为 6.1%，平均尺寸为 98.2 nm；S_2 相数目比例为 7.7%，平均尺寸为 58.9 nm；θ' 相数目比例为 2.2%，平均尺寸为 50.3 nm。对于 (-3, 1, 3)面取向的单晶 Ω_1 相数目比例为 42.6%，平均尺寸为 61.4 nm；Ω_2 相数目比例为 40.8%，平均尺寸也是 60.3 nm；S_1 相数目比例为 3.7%，平均尺寸为 68.2 nm；S_2 相数目比例为 10.4%，平均尺寸为 59.8 nm；θ' 相数目比例为 2.5%，平均尺寸为 48.2 nm。对于(2, 1, 2)面取向的单晶 Ω_1 相数目比例为 24.9%，平均尺寸为 90.8 nm；Ω_2 相数目比例为 26.2%，平均尺寸为 93.9 nm；S_1 相数目比例为 21.6%，平均尺寸为 97.4 nm；S_2 相数目比例为 23.1%，平均尺寸为 92.1 nm；θ' 相数目比例为 4.1%，平均尺寸为 77.9 nm。对于(1, 4, 4)面取向的单晶 Ω_1 相数目比例为 21.6%，平均尺寸为 73.6 nm；Ω_2 相数目比例为 50.3%，平均尺寸为 67.8 nm；S_1 相数目比例为 13.3%，平均尺寸为 85.9 nm；S_2 相数目比例为 13.5%，平均尺寸为 81.3 nm；θ' 相数目比例为 1.3%，平均尺寸为 68.6 nm。

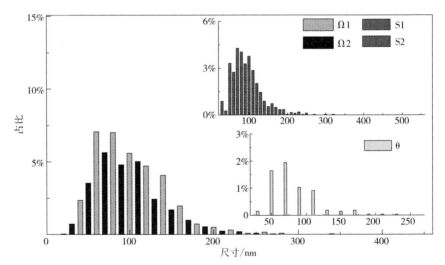

图 6-16　加载 100 MPa 压缩应力条件下，(-2, 1, 5) [14, 13, 3]取向的 Al-Cu-Mg-Ag 合金单晶的 Ω 相，θ′相和 S 相的尺寸分布

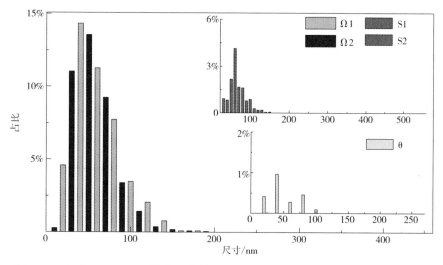

图 6-17　加载 **100 MPa** 压缩应力条件下，**(6，-5，10)** **[20，6，-9]** 取向的 **Al-Cu-Mg-Ag** 合金单晶的 **Ω** 相，**θ′** 相和 **S** 相的尺寸分布

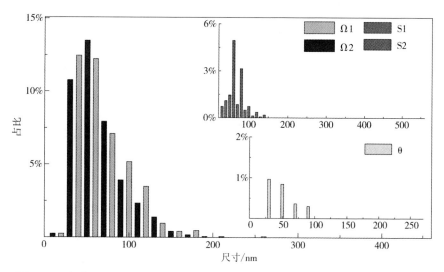

图 6-18　加载 **100 MPa** 压缩应力条件下，**(-3，1，3)** **[15，6，13]** 取向的 **Al-Cu-Mg-Ag** 合金单晶的 **Ω** 相，**θ′** 相和 **S** 相的尺寸分布

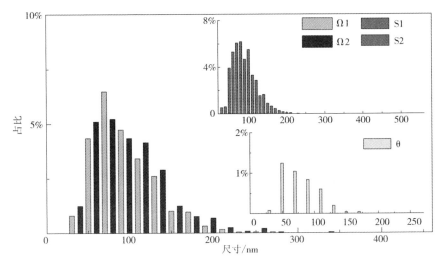

图 6-19 加载 **100 MPa** 压缩应力条件下，（**2，1，2**）［**2，-2，-1**］取向的 **Al-Cu-Mg-Ag** 合金单晶的 **Ω** 相，**θ′**相和 **S** 相的尺寸分布

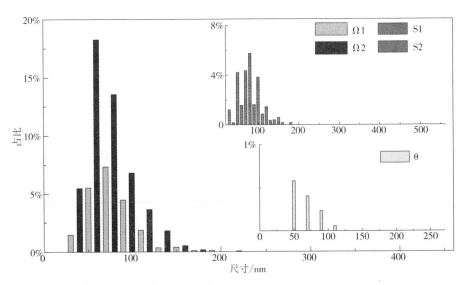

图 6-20 加载 **100 MPa** 压缩应力条件下，（**1，4，4**）［**-28，-4，11**］取向的 **Al-Cu-Mg-Ag** 合金单晶的 **Ω** 相，**θ′**相和 **S** 相的尺寸分布

图 6-21 是(-2, 1, 5)，(6, -5, 10)，(-3, 1, 3)，(2, 1, 2)和(1, 4, 4)面取向单晶在 150 MPa 压缩应力下于 180℃时效 53 h 后<110>轴下的 TEM 照片，<110>轴能同时观察到 Ω 相，θ′相和 S 相。对于每种取向单晶，分别统计了 8~10 张 TEM 照片，图 6-22，图 6-23，图 6-24，图 6-25 和图 6-26 分别为(-2, 1, 5)，(6, -5, 10)，(-3, 1, 3)，(2, 1, 2)和(1, 4, 4)面取向的 Al-Cu-Mg-Ag 合金单晶在 150 MPa 下应力时效后 Ω 相的 Ω_1 和 Ω_2 变体，θ′相和 S 相的两个变体 S_1 和 S_2 的尺寸统计结果。

对于(-2, 1, 5)面取向的单晶 Ω_1 相数目比例为 16.4%，析出相平均尺寸为 71.3 nm；Ω_2 相数目比例为 28.6%，平均尺寸为 81.4 nm；S_1 相数目比例为 30.7%，平均尺寸为 99.3 nm；S_2 相数目比例为 17.2%，平均尺寸为 75 nm；θ′相数目比例为 7.2%，平均尺寸为 62.7 nm。对于(6, -5, 10)面取向的单晶 Ω_1 相数目比例为 44.2%，析出相平均尺寸为 64.3 nm；Ω_2 相数目比例为 32.6%，平均尺寸为 60.1 nm；S_1 相数目比例为 9.0%，平均尺寸为 77.6 nm；S_2 相数目比例为 10.4%，平均尺寸为 61.9 nm；θ′相数目比例为 3.8%，平均尺寸为 55.9 nm。

对于(-3, 1, 3)面取向的单晶 Ω_1 相数目比例为 41.0%，平均尺寸为 46.2 nm；Ω_2 相数目比例为 43.7%，平均尺寸也是 48.7 nm；S_1 相数目比例为 4.4%，平均尺寸为 57.9 nm；S_2 相数目比例为 10.1%，平均尺寸为 51.9 nm；θ′相数目比例为 0.8%，平均尺寸为 37.7 nm。对于(2, 1, 2)面取向的单晶 Ω_1 相数目比例为 37.7%，平均尺寸为 70.5 nm；Ω_2 相数目比例为 33.8%，平均尺寸为 68.0 nm；S_1 相数目比例为 14.0%，平均尺寸为 90.5 nm；S_2 相数目比例为 12.9%，平均尺寸为 66.4 nm；θ′相数目比例为 1.7%，平均尺寸为 64.5 nm。对于(1, 4, 4)面取向的单晶 Ω_1 相数目比例为 44.2%，平均尺寸为 74.0 nm；Ω_2 相数目比例为 21.1%，平均尺寸为 74.7 nm；S_1 相数目比例为 9.6%，平均尺寸为 95.5 nm；S_2 相数目比例为 22.0%，平均尺寸为 87.6 nm；θ′相数目比例为 3.1%，平均尺寸为 55.5 nm。

将每种取向单晶经 0 MPa，50 MPa，100 MPa 及 150 MPa 应力时效后 Ω 相，θ′相和 S 相的数目比例及析出相平均尺寸随加载应力的变化绘制在同一张图中进行对比。图 6-27 是(-2, 1, 5) [14, 13, 3]取向的单晶三种析出相数目比例及尺寸随加载应力的变化，其中柱形图表示析出相比例，线形图表示析出相尺寸变化，对于 Ω 和 θ′盘片状析出相，尺寸为其盘片的平均半径，对于 S 板条状析出相，尺寸为平均长度。随着加载应力的增大，Ω_1 相比例从 55% 减小到 16.4%，Ω_2 相比例先从 29.6% 增大到 39.6% 后减小到 28.6%；S 相数目明显持续增多，其中 S_1 相从 5.9% 增多到 30.7%，S_2 相从 2.8% 增多到 17.2%；θ′相数目基本保持 6% 不变。随着加载应力的增大，Ω 相尺寸变化不是很明显，S_1 相和 θ′相尺寸都明显减少，但在 100 MPa 应力时效条件下，Ω 相和 S_1 相尺寸大于 50 MPa 和 150 MPa 应力时效。

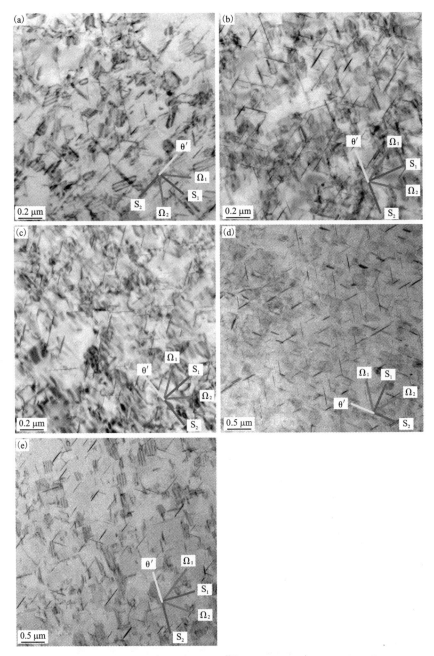

图 6-21　加载 150 MPa 压缩应力条件下，Al-Cu-Mg-Ag 合金单晶
经过 180℃时效 53 h 后<110>轴下的 TEM 照片

(a)(-2, 1, 5) [14, 13, 3]取向的单晶；(b)(6, -5, 10) [20, 6, -9]；(c)(-3, 1, 3) [15, 6, 13]；(d)(2, 1, 2) [2, -2, -1]；(e)(1, 4, 4) [-28, -4, 11]

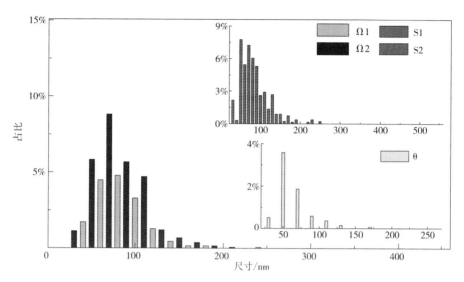

图 6-22　加载 150 MPa 压缩应力条件下，(-2, 1, 5) [14, 13, 3] 取向的 Al-Cu-Mg-Ag 合金单晶的 Ω 相，θ′ 相和 S 相的尺寸分布

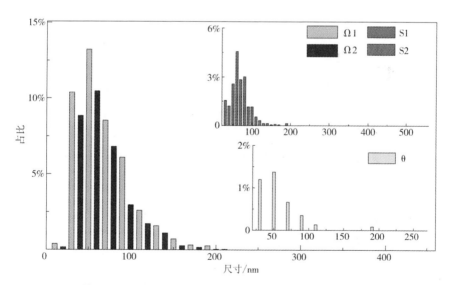

图 6-23　加载 150 MPa 压缩应力条件下，(6, -5, 10) [20, 6, -9] 取向的 Al-Cu-Mg-Ag 合金单晶的 Ω 相，θ′ 相和 S 相的尺寸分布

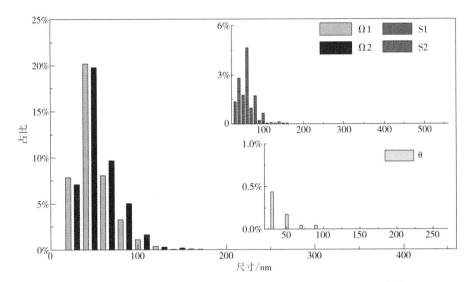

图 6-24 加载 150 MPa 压缩应力条件下,(-3,1,3)[15,6,13]取向的 Al-Cu-Mg-Ag 合金单晶的 Ω 相,θ′相和 S 相的尺寸分布

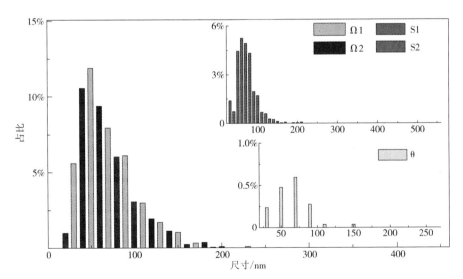

图 6-25 加载 150 MPa 压缩应力条件下,(2,1,2)[2,-2,-1]取向的 Al-Cu-Mg-Ag 合金单晶的 Ω 相,θ′相和 S 相的尺寸分布

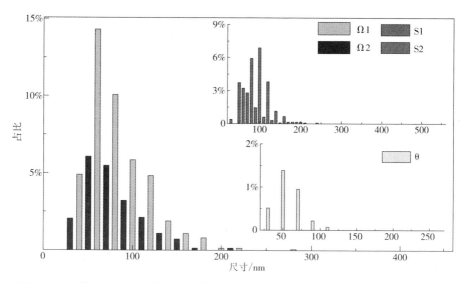

图 6-26　加载 150 MPa 压缩应力条件下，(1，4，4)［-28，-4，11］取向的 Al-Cu-
Mg-Ag 合金单晶的 Ω 相，θ′相和 S 相的尺寸分布

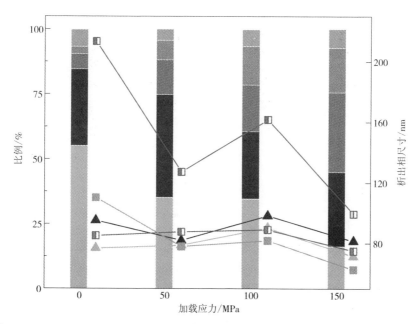

图 6-27　(-2，1，5)［14，13，3］取向的 Al-Cu-Mg-Ag 合金单晶的 Ω 相，θ′相和 S 相
的尺寸分布随加载应力大小的变化，其中柱形图表示析出相比例，线形图表示析出相尺
寸变化

(6, -5, 10)[20, 6, -9]取向的 Al-Cu-Mg-Ag 单晶经 180℃时效 53 h 后 3
种析出相数目比例及尺寸随加载应力大小的变化如图 6-28 所示。不同于(-2,
1, 5)[14, 13, 3]取向单晶的结果,该取向单晶在高应力下时效 Ω 相减少并不明
显,从 91.6%减少到 76.8%。其中 Ω_1 相基本保持不变,Ω_2 相有减少的趋势。S
相也是随着加载应力的增大比例增多,θ′相基本保持小比例不变。三种析出相的
尺寸(除 S_1 相外)都表现为在 0~100 MPa 随着加载应力增大尺寸减小,到 150
MPa 范围尺寸变化不大。

(-3, 1, 3)[15, 6, 13]取向的 Al-Cu-Mg-Ag 单晶经 180℃时效 53 h 后 3 种
析出相数目比例及尺寸随加载应力大小的变化如图 6-29 所示。该取向单晶在应
力时效中 Ω 相的析出受外加应力大小的影响也较小,保持在 85%到 90%的范围
内;但是 Ω_1 相比例随着加载应力有增加的趋势,从 39.7%增加到 41%,而 Ω_2 相
从 52%减少到 43.7%。S 相和 θ′相的变化情况与前面两种单晶相同。Ω 相的尺寸
变化为随着加载应力先增大后减小,而 S 相和 θ′相的尺寸则为持续减小。

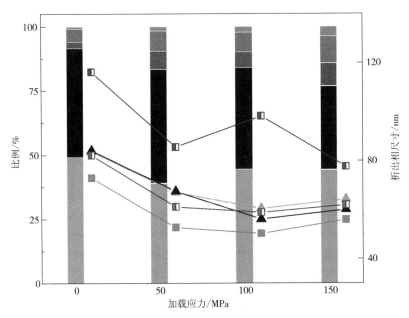

图 6-28 **(6, -5, 10)[20, 6, -9]取向的 Al-Cu-Mg-Ag 合金单晶的 Ω 相,θ′相和 S
相的尺寸分布随加载应力大小的变化**(柱形图表示析出相比例,线形图表示析出相尺寸变化)

(2, 1, 2)[2, -2, -1]取向的 Al-Cu-Mg-Ag 单晶经 180℃时效 53 小时后三
种析出相数目比例及尺寸随加载应力大小的变化如图 6-30 所示。随着加载应力
的增大,Ω 相的比例先从 65.2%减少到 51.1%后增大到 71.5%,Ω 相的尺寸明显

减小，从 100 nm 减小到 70 nm。S 相比例的变化和 Ω 相相反，随着加载应力的增大，先从 31.1%增大到 44.7%然后减小到 26.9%。θ′相的变化基本可以忽略不计。S 相和 θ′相尺寸的变化与 Ω 相相同。

(1, 4, 4)［-28, -4, 11］取向的 Al-Cu-Mg-Ag 单晶经 180℃时效 53 h 后 3 种析出相数目比例及尺寸随加载应力大小的变化如图 6-31 所示。随着加载应力增大，Ω 相比例先增大后减小，在 50 MPa 应力下时效，Ω 相比例达到最大值 86.2%。相对应的 S 相比例先从 21.2%减小到 12.6%，然后增大到 31.6%。3 种析出相的尺寸变化总体趋势都为减小。

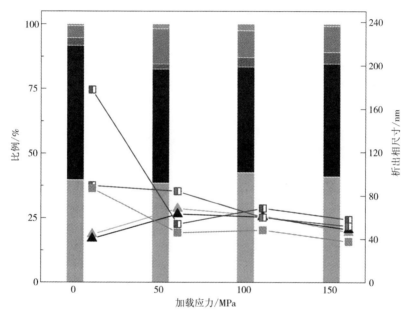

图 6-29　(-3, 1, 3)［15, 6, 13］取向的 Al-Cu-Mg-Ag 合金单晶的 Ω 相，θ′相和 S 相的尺寸分布随加载应力大小的变化(柱形图表示析出相比例，线形图表示析出相尺寸变化)

5 种取向单晶体的析出相统计结果表明，S 相在 Al-Cu-Mg-Ag 合金应力时效析出中大量形成，其比例越高，Ω 相的数目比例就越低，由于 S 析出相的强化效果弱于 Ω 析出相，材料的强度随之下降。而 θ′相的比例保持在 7%以内，对材料的性能影响不大。析出相比例和尺寸同时与受加载的单晶晶体学取向有关，实际应用中，与材料的宏观织构有关。

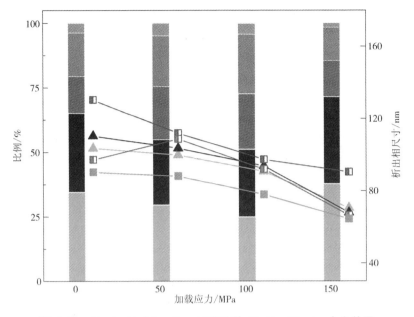

图 6-30　(2, 1, 2) [2, -2, -1]取向的 Al-Cu-Mg-Ag 合金单晶

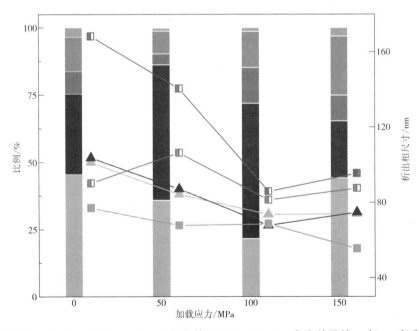

图 6-31　(1, 4, 4) [-28, -4, 11]取向的 Al-Cu-Mg-Ag 合金单晶的 Ω 相，θ′相和 S 相的尺寸分布随加载应力大小的变化，其中柱形图表示析出相比例，线形图表示析出相尺寸变化

6.3　Al-Cu-Mg-Ag 合金的应力时效析出规律

根据不同取向单晶的时效析出相的统计结果，发现 Ω 相，θ' 相和 S 相的比例和尺寸与加载应力的大小和晶体学取向有关，本节主要从这两个方面分别讨论，并总结包含多种析出相的 Al-Cu-Mg-Ag 合金应力时效析出规律。

6.3.1　单晶时效后 TEM 观察到的析出相

本章所制备的单晶在透射电镜下观察时都是转向最近的 <110> 晶带轴，(-2, 1, 5) [14, 13, 3] 取向单晶的观测轴为 [-1, 0, 1]；(6, -5, 10) [20, 6, -9] 取向单晶的观测轴为 [1, 0, 1]；(-3, 1, 3) [15, 6, 13] 取向单晶的观测轴为 [-1, 0, 1]；(2, 1, 2) [2, -2, -1] 取向单晶的观测轴为 [1, 0, 1]；(1, 4, 4) [-28, -4, 11] 取向单晶的观测轴为 [0, 1, 1]。

对于盘片状析出相，TEM 下以 edge-on(惯习面垂直投影)的形式最能直观体现其分布，因此所观察到的 Ω 相 {111} 惯习面和 θ' 相 {001} 惯习面都垂直于观测轴；对于板条状的 S 相，12 个 {012} 惯习面上的相都能被观察到。

表 6-2　5 种单晶 TEM 照片中 Ω_1 相和 Ω_2 相对应
的惯习面及其与单晶面取向余弦相似性的绝对值

应力方向			Ω 相变体	Ω 相惯习面			Ω 相余弦相似性绝对值
-2	1	5	Ω_1	1	-1	1	0.21
			Ω_2	1	1	1	0.42
6	-5	10	Ω_1	-1	1	1	0.05
			Ω_2	1	1	-1	0.41
-3	1	3	Ω_1	1	1	1	0.13
			Ω_2	1	-1	1	0.13
2	1	2	Ω_1	-1	1	1	0.19
			Ω_2	1	1	-1	0.19
1	4	4	Ω_1	1	-1	1	0.1
			Ω_2	1	1	-1	0.1

每种取向单晶 TEM 照片中的 Ω_1 相和 Ω_2 相对应的惯习面可以由观测轴的方向确定。总结如表 6-2 所示。当加载应力时效时,不同 Ω 相变体所在惯习面上受到的应力分量大小不同,析出相形核生长所需克服的弹性应变能的大小也受到影响。TEM 观察结果表明,S 相的析出比例也会影响 Ω 相,因此,本节也总结了 TEM 观察到的 S_1 和 S_2 相的惯习面。$(-2, 1, 5)$ $[14, 13, 3]$,$(6, -5, 10)$ $[20, 6, -9]$,$(-3, 1, 3)$ $[15, 6, 13]$ 和 $(2, 1, 2)$ $[2, -2, -1]$ 4 种单晶 S_1 相的惯习面为 $(1, 0, 2)$、$(2, 0, 1)$、$(-1, 0, 2)$、$(-2, 0, 1)$。S_2 相的惯习面为 $(0, 1, 2)$、$(0, 2, 1)$、$(0, -1, 2)$、$(0, -2, 1)$、$(1, 2, 0)$、$(2, 1, 0)$、$(-1, 2, 0)$、$(-2, 1, 0)$。

而 $(1, 4, 4)$ $[-28, -4, 11]$ 取向的单晶 S_1 相的惯习面为 $(0, 1, 2)$、$(0, 2, 1)$、$(0, -1, 2)$、$(0, -2, 1)$。S_2 相的惯习面为 $(1, 0, 2)$、$(2, 0, 1)$、$(-1, 0, 2)$、$(-2, 0, 1)$、$(1, 2, 0)$、$(2, 1, 0)$、$(-1, 2, 0)$、$(-2, 1, 0)$。

TEM 观察到的 θ' 相总结如下,$(-2, 1, 5)$ $[14, 13, 3]$,$(6, -5, 10)$ $[20, 6, -9]$,$(-3, 1, 3)$ $[15, 6, 13]$ 和 $(2, 1, 2)$ $[2, -2, -1]$ 4 种单晶 θ' 相的惯习面为 $(0, 1, 0)$ 面;而 $(1, 4, 4)$ $[-28, -4, 11]$ 取向的单晶 θ' 相的惯习面为 $(1, 0, 0)$ 面。

6.3.2 弹性应变能的影响

时效析出过程中,共格或者半共格析出相形成时需要克服析出相和母相之间的晶格畸变,析出相形成需要克服晶格畸变的能量称之为弹性应变能。当材料受到外部应力时,这种畸变会受到抑制或加强,进而影响析出。Eshelby[77] 总结了弹性介质模型,推导出了第二相的形成所需克服的弹性应变能力公式,这里我们只考虑外加应力对析出相和母相之间错配度的影响。假设外加应力为 σ_c(拉应力为正,压应力为负),析出相和母相的错配度为 e^T,弹性应变能 E_{el} 的变化可以用式(6-1)表示:

$$\Delta E_{el} = -\sigma_c e^T \tag{6-1}$$

析出相和母相的错配度沿着析出相不同的生长方向各不相同,Ω 相的三个生长方向分别为 a 轴 $[211]_{Al}$,b 轴 $[110]_{Al}$ 和 c 轴 $[111]_{Al}$。实验测定 Ω 相是正交结构,晶格常数为 $a_\Omega = 4.96$ Å,$b_\Omega = 8.56$ Å,$c_\Omega = 8.48$ Å;其中 a_Ω 和 b_Ω 分别近似等于 $(211)_{Al}$ 和 $(110)_{Al}$ 晶面间距的 3 倍(Al 基体的晶格常数为 $a_{Al} = 4.05$ Å),错配度小于 0.015%;而 c_Ω 与 Al 基体的错配度为 -9.4%,因此平行于 c_Ω 轴方向 $[111]_{Al}$ 的外力对 Ω 相的弹性应变能起主导作用。S 相是面心正交结构,三个生长方向为 a 轴 $[100]_{Al}$,b 轴 $[021]_{Al}$ 和 c 轴 $[012]_{Al}$,晶格常数 $a_S = 4.0$ Å,$b_S = 0.23$ Å,$c_S = 7.14$ Å;错配度分别为 1.23%、-1.88% 和 1.49%,在析出过程中,析出相的弹性应变能由错配度最大值决定,因此 b_S 方向 $[021]_{Al}$ 的外加应力对 S

相的析出影响最大。θ′相具有四方晶体结构,三个生长方向为 a 轴 $[100]_{Al}$,b 轴 $[010]_{Al}$,c 轴为垂直于惯习面 $(001)_{Al}$ 的方向;晶格常数分别为 $a_{\theta'} = b_{\theta'} = 4.02$ Å,$c_{\theta'} = 5.68$ Å;$a_{\theta'}$ 和 $b_{\theta'}$ 方向的错配度为 0.74%,$c_{\theta'}$ 与 Al 基体的最低错配度为 -4.5%,因此垂直于惯习面 $\{001\}_{Al}$ 的外加应力对 θ′析出相所需克服的弹性应变能影响最大。

　　3 种析出相的主错配能都为负值,由式(6-1)可知,外加压应力(σ_c 为负)时,弹性应变能增量为负值,即外加压缩应力能减少析出所需克服的弹性应变能,从而促进析出相形核生长。对于不同取向的单晶,各析出相的主错配度方向上应力分量也不同,首先计算了 c_Ω 方向上应力分量的结果,应力分量的大小可以用加载应力方向(或者单晶面取向)$\{hkl\}$ 和 Ω 相惯习面 $\{111\}$ 的余弦相似性(Cosine similarity)的绝对值来表示,计算结果见式(6-2)。S 相的 b_S 和 θ′相的 $c_{\theta'}$ 方向的计算结果见式(6-3)和(6-4)。

$$\text{similarity}_\Omega = \frac{\sigma_{hkl} \cdot \begin{Bmatrix} 1 \\ 1 \\ 1 \end{Bmatrix}_\Omega}{\sqrt{3 \cdot (h^2+k^2+l^2)}} = \begin{pmatrix} \dfrac{-2}{\sqrt{30}} & \dfrac{1}{\sqrt{30}} & \dfrac{5}{\sqrt{30}} \\ \dfrac{6}{\sqrt{161}} & \dfrac{-5}{\sqrt{161}} & \dfrac{10}{\sqrt{161}} \\ \dfrac{-3}{\sqrt{19}} & \dfrac{1}{\sqrt{19}} & \dfrac{3}{\sqrt{19}} \\ \dfrac{2}{\sqrt{9}} & \dfrac{1}{\sqrt{9}} & \dfrac{2}{\sqrt{9}} \\ \dfrac{1}{\sqrt{33}} & \dfrac{4}{\sqrt{33}} & \dfrac{4}{\sqrt{33}} \end{pmatrix} \cdot \begin{pmatrix} \dfrac{1}{\sqrt{3}} & \dfrac{1}{\sqrt{3}} & \dfrac{1}{\sqrt{3}} & \dfrac{-1}{\sqrt{3}} \\ \dfrac{1}{\sqrt{3}} & \dfrac{1}{\sqrt{3}} & \dfrac{-1}{\sqrt{3}} & \dfrac{1}{\sqrt{3}} \\ \dfrac{1}{\sqrt{3}} & \dfrac{-1}{\sqrt{3}} & \dfrac{1}{\sqrt{3}} & \dfrac{1}{\sqrt{3}} \end{pmatrix}$$

$$= \begin{pmatrix} 0.42 & -0.63 & 0.21 & 0.84 \\ 0.5 & -0.41 & 0.96 & -0.05 \\ 0.13 & -0.66 & -0.13 & 0.93 \\ 0.96 & 0.19 & 0.58 & 0.19 \\ 0.90 & 0.10 & 0.10 & 0.70 \end{pmatrix} \tag{6-2}$$

$$\text{similarity}_s = \frac{\sigma_{hkl} \cdot \begin{Bmatrix} 0 \\ 1 \\ 2 \end{Bmatrix}_s}{\sqrt{5 \cdot (h^2+k^2+l^2)}}$$

$$
= \begin{pmatrix}
\dfrac{-2}{\sqrt{30}} & \dfrac{1}{\sqrt{30}} & \dfrac{5}{\sqrt{30}} \\[6pt]
\dfrac{6}{\sqrt{161}} & \dfrac{-5}{\sqrt{161}} & \dfrac{10}{\sqrt{161}} \\[6pt]
\dfrac{-3}{\sqrt{19}} & \dfrac{1}{\sqrt{19}} & \dfrac{3}{\sqrt{19}} \\[6pt]
\dfrac{2}{\sqrt{9}} & \dfrac{1}{\sqrt{9}} & \dfrac{2}{\sqrt{9}} \\[6pt]
\dfrac{1}{\sqrt{33}} & \dfrac{4}{\sqrt{33}} & \dfrac{4}{\sqrt{33}}
\end{pmatrix}
\cdot
\begin{pmatrix}
\dfrac{1}{\sqrt{5}} & \dfrac{2}{\sqrt{5}} & \dfrac{-1}{\sqrt{5}} & \dfrac{-2}{\sqrt{5}} & \dfrac{1}{\sqrt{5}} & \dfrac{2}{\sqrt{5}} & \dfrac{-1}{\sqrt{5}} & \dfrac{-2}{\sqrt{5}} & 0 & 0 & 0 & 0 \\[6pt]
0 & 0 & 0 & 0 & \dfrac{2}{\sqrt{5}} & \dfrac{1}{\sqrt{5}} & \dfrac{2}{\sqrt{5}} & \dfrac{1}{\sqrt{5}} & \dfrac{1}{\sqrt{5}} & \dfrac{2}{\sqrt{5}} & \dfrac{-1}{\sqrt{5}} & \dfrac{-2}{\sqrt{5}} \\[6pt]
\dfrac{2}{\sqrt{5}} & \dfrac{1}{\sqrt{5}} & \dfrac{2}{\sqrt{5}} & \dfrac{1}{\sqrt{5}} & 0 & 0 & 0 & 0 & \dfrac{2}{\sqrt{5}} & \dfrac{1}{\sqrt{5}} & \dfrac{2}{\sqrt{5}} & \dfrac{1}{\sqrt{5}}
\end{pmatrix}
$$

$$
= \begin{pmatrix}
0.65 & 0.08 & 0.98 & 0.73 & 0 & -0.24 & 0.33 & 0.41 & 0.90 & 0.57 & 0.73 & 0.24 \\
0.91 & 0.78 & 0.49 & -0.07 & -0.14 & 0.25 & -0.56 & -0.60 & 0.53 & 0 & 0.88 & 0.70 \\
0.31 & -0.31 & 0.92 & 0.92 & -0.10 & -0.51 & 0.51 & 0.72 & 0.72 & 0.51 & 0.51 & 0.10 \\
0.89 & 0.89 & 0.30 & -0.30 & 0.60 & 0.75 & 0 & -0.45 & 0.75 & 0.60 & 0.45 & 0 \\
0.70 & 0.47 & 0.54 & 0.16 & 0.70 & 0.47 & 0.54 & 0.16 & 0.93 & 0.93 & 0.31 & -0.31
\end{pmatrix}
\tag{6-3}
$$

$$
\mathrm{similarity}_{\theta'} = \frac{\sigma_{|hkl|} \cdot \begin{Bmatrix} 0 \\ 0 \\ 1 \end{Bmatrix}_{\theta'}}{\sqrt{1 \cdot (h^2+k^2+l^2)}} =
\begin{pmatrix}
\dfrac{-2}{\sqrt{30}} & \dfrac{1}{\sqrt{30}} & \dfrac{5}{\sqrt{30}} \\[6pt]
\dfrac{6}{\sqrt{161}} & \dfrac{-5}{\sqrt{161}} & \dfrac{10}{\sqrt{161}} \\[6pt]
\dfrac{-3}{\sqrt{19}} & \dfrac{1}{\sqrt{19}} & \dfrac{3}{\sqrt{19}} \\[6pt]
\dfrac{2}{\sqrt{9}} & \dfrac{1}{\sqrt{9}} & \dfrac{2}{\sqrt{9}} \\[6pt]
\dfrac{1}{\sqrt{33}} & \dfrac{4}{\sqrt{33}} & \dfrac{4}{\sqrt{33}}
\end{pmatrix}
\cdot
\begin{pmatrix}
1 & 0 & 0 \\
0 & 1 & 0 \\
0 & 0 & 1
\end{pmatrix}
$$

$$
= \begin{pmatrix}
-0.36 & 0.18 & 0.91 \\
0.47 & -0.39 & 0.79 \\
-0.69 & 0.23 & 0.69 \\
0.67 & 0.33 & 0.67 \\
0.17 & 0.70 & 0.70
\end{pmatrix}
\tag{6-4}
$$

由此可知析出相的弹性应变能增量受晶体学取向(即加载应力的方向 $[hkl]$)的影响，可以使用以上 3 式计算得到的余弦相似性来量化这种影响，对于 Ω 相变体，就以余弦相似性的绝对值来表示，即 $|\mathrm{Similarity}_{\Omega}|$；对于 θ' 相，也是以余弦相

似性的绝对值来表示，即 $|\mathrm{Similarity}_{\theta'}|$；对于 S 相变体，以其余弦相似性绝对值的最大值表示，此处考量到析出总量有限，弹性应变能对板条状 S 相的影响只会体现在最多一半的变体上。计算得到的影响因素即与第 5 章和第 6 章中所描述的位向效应因子取向因子 q 有相同的含义，所不同的是此处需要考虑对 3 种析出相的不同影响。

从上一节 TEM 的统计结果可知，两个 Ω 相变体的数目密度比值 Ω_1/Ω_2 随着加载应力而变化。并且在无应力时效状态下，单晶体中 Ω_1/Ω_2 的值并不为 1，即常规时效的 Al-Cu-Mg-Ag 合金析出相分布并非均匀析出，为了简便分析，假设该影响只与取样位置有关，即同一单晶体内析出相只考虑外加应力的影响。使用无应力时效的结果归一化处理后，从图 6-27 至图 6-31 的统计数据计算应力时效的单晶体中 Ω_1 与 Ω_2 数量密度比比值的变化情况，并与 $|\mathrm{Similarity}_{\Omega}|$ 的比值对比，如图 6-32 所示。只考虑弹性应变能变化的情况下，面取向为（-2，1，5）、（-3，1，3）和（2，1，2）的单晶结果较为接近预测，（6，-5，10）和（1，4，4）单晶体必然有其他因素的影响。

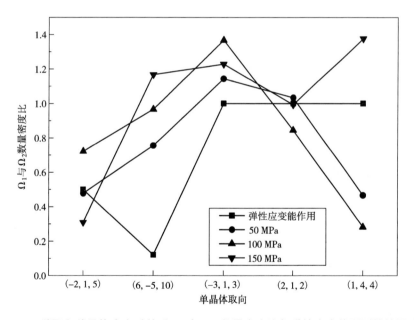

图 6-32　5 种取向单晶体应力时效后 Ω_1 与 Ω_2 数量密度比与弹性应变能预测的结果对比

从透射电镜上观测数量密度比在均匀析出条件下应等于 4/8，但 S 析出相受到外加应力和 Ω 相的双重影响（与 Ω 相争夺 Cu、Mg 原子）。从 TEM 统计数据求出单晶体中数量密度比在应力时效后的变化情况，并与 $|\mathrm{Similarity}_S|$ 的预测进行对

比,结果如图 6-33 所示。面取向为(-2, 1, 5)和(-3, 1, 3)的单晶结果较为接近预测。

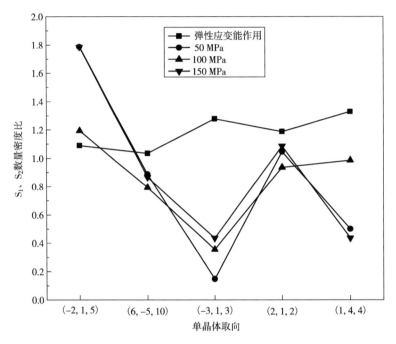

图 6-33 5 种取向单晶体应力时效后 S$_1$、S$_2$ 数量密度比与弹性应变能预测的结果对比

6.3.3 应力萌生位错的影响

由图 6-32 可知,在应力时效中能保持 Ω 相均匀析出状态(即 Ω$_1$/Ω$_2$=1)的单晶体面取向和应力条件对应为(6, -5, 10)—100 MPa、(-3, 1, 3)—50, 150 MPa 和(2, 1, 2)—50, 150 MPa。此 3 种取向均最接近位错滑移面{111},时效中加载应力最容易产生位错滑移而影响析出。Ω 相的惯习面与 Al 合金中的位错滑移面取向相同,大量萌生的位错提供足够的形核质点而抑制加载应力导致的析出相不均匀分布。

面取向为(-3, 1, 3)的单晶体在 150 MPa 应力下时效后,TEM 从<101>轴观察到大量密集的 Ω 相在位错线上形核生长,如图 6-34 所示。加载应力的大小相同时,位错密度的大小取决于晶体取向和{111}位错滑移面的关系,定义因子 R_{dis} 来描述位错抑制位向效应的作用,R_{dis} 的表达式见第 5 章式(5-8)。

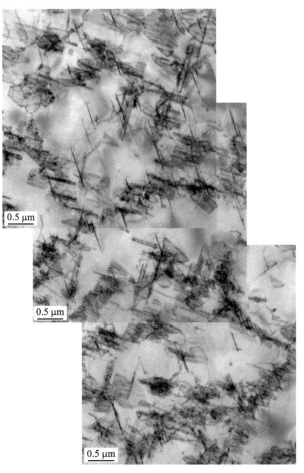

图 6-34 (−3, 1, 3) 取向的单晶体 **150 MPa** 下应力
时效后 **TEM** 观察到的位错与析出相交互作用

表 6-3 不同取向 Al–Cu–Mg–Ag 单晶对应的 R_{dis} 因子

面取向	(−2, 1, 5)	(6, −5, 10)	(−3, 1, 3)	(2, 1, 2)	(1, 4, 4)
$\|Similarity_{\Omega_1}\|/\|\Omega_2\|$	0.5	0.12	1	1	1
R_{dis}	0.98	1	0.99	0.98	0.99
$\|Similarity_{\Omega}\|/\!/R_{dis}$	0.85	0.74	1	1	1

$\|Similarity_{\Omega}\|/\!/R_{dis} = (\|Similarity_{\Omega}\|max + R_{dis})/(\|Similarity_{\Omega}\|min + R_{dis})$

计算 5 种 Al-Cu-Mg-Ag 单晶体的 R_{dis} 值，将位错与弹性应变能的影响共同考虑，从表 6-3 可知，(6, -5, 10) 面取向单晶中 Ω 析出相受到位错的影响最明显。

6.3.4 多种析出相的交互作用

Ω 和 S 相同时形核生长会争夺 Al-Cu-Mg-Ag 合金中的 Cu 和 Mg 原子，如图 6-35 中 TEM 下的能谱面扫描结果所示。(-2, 1, 5) 取向的单晶在 100 MPa 应力下时效后，Cu 和 Mg 原子在 S 相 (成分为 Al_2CuMg) 上聚集，Ω 相形核所必须的 Mg-Ag 原子团簇和 Cu 原子数量减少，Ω 相的数目比例也会减少。即当弹性交互作用使某一 $\{111\}$ 惯习面上的 Ω 相变体数目减少时，接近该 $\{111\}$ 的 $\{012\}$ 惯习面会优先捕获 Cu 和 Mg 原子来促进 S 相的形成。

通过投影关系可知，受影响的 $\{012\}$ 惯习面总是保持 S_1、S_2 数目比为 1:2，即 S 相变体的数目仅与 Ω 相变体的最小应力分量值相关，该应力分量越小，应力时效后 S 相数目比例越高，S 相两个变体的比值越趋于 0.5。(6, -5, 10)，(-3, 1, 3) 和 (1, 4, 4) 取向单晶该值最小，分别为 0.05、0.13 和 0.1。图 6-33 的统计结果也表明，此 3 种取向单晶在高应力下时效后 S_1、S_2 数目比最小，介于 0.2 至 0.8 之间。

θ' 析出相在 5 种单晶体中的比例都保持在 7% 以内，而且应力时效后其比例还有所下降，这主要是由于 θ' 相的 $\{100\}$ 惯习面与 $\{111\}$ 和 $\{012\}$ 相距较远，除了应力对少量 θ' 析出相的促进作用外，位错和 Cu 原子争夺对其没有较大影响。并且，本章中 TEM 观察到的 θ' 相变体都不是受压应力分量最大，随着加载应力增大，促进了受压应力分量最大的 $\{100\}$ 面上的 θ' 相变体，观察到的 θ' 相变体比例减少。因此，应力时效中 θ' 析出相和 Ω 相的交互作用可以忽略。

6.4 Al-Cu-Mg-Ag 合金的应力时效强化效果

5 种取向单晶应力时效后的维氏硬度值如图 6-36 所示，影响单晶应力时效后力学性能的因素有 Ω、S 和 θ' 析出相的比例，析出相的尺寸，以及析出相的分布。

Zhu 等人[154]提出了多种相混合的析出强化方程，如式 (6-5) 所示：

$$\tau_t^{\alpha} = C_1^{\beta}\tau_1^{\alpha} + C_2^{\beta}\tau_2^{\alpha} + C_3^{\beta}\tau_3^{\alpha} \tag{6-5}$$

其中，τ_t 表示位错绕过时引起的总析出强化切应力，τ_1、τ_2 和 τ_3 表示 3 种析出相分别引起的析出强化切应力，C_1、C_2 和 C_3 分别为 3 种析出相的比例。$\beta = \alpha/3$ 且 α 介于 1 至 3 之间，α 的具体数值与析出相钉扎位错的效果，以及析出相在位错滑移面 $\{111\}$ 的投影有关，本章以 $\alpha = 2$ 来计算 Ω、S 和 θ' 3 种析出相的强化效果，

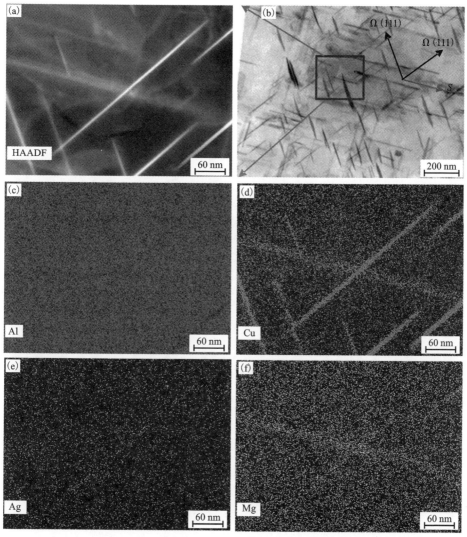

图 6-35　(-2, 1, 5) 取向的 Al-Cu-Mg-Ag 单晶

在 100 MPa 下应力时效后 Al、Cu、Mg 和 Ag 元素的面扫描能谱图

(a) <110> 轴下的高角环形暗场像；(b) TEM 照片；(c) Al 元素分布；(d) Cu 元素；(e) Ag 元素；
(f) Mg 元素

即

$$\tau_t = (C_\Omega^{0.67} \tau_\Omega^2 + C_S^{0.67} \tau_S^2 + C_\theta^{0.67} \tau_\theta^2)^{0.5} \tag{6-6}$$

第 4 章和第 5 章已经分别总结了 θ′ 和 S 析出相的应力时效析出强化模型，本章需要结合 6.2 节中 Ω 相的尺寸、比例及分布统计结果总结归纳外加应力场下 Ω

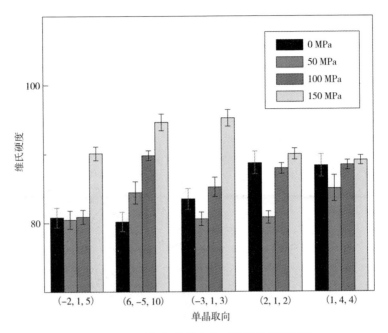

图6-36 五种取向单晶应力时效后的维氏硬度

相的析出强化规律,再根据式(6-6)来计算3种相混合下的析出强化效果。

$$\tau_{\Omega} = \frac{1.211 d_{\Omega}}{t_{\Omega}^2} \left(\frac{2f_{\Omega}}{Gb} \right)^{\frac{1}{2}} \gamma_{\Omega}^{\frac{3}{2}} \qquad (6-7)$$

式(6-7)为位错切过{111}面上Ω析出相引起的强化效果,其中γ_{Ω}是Ω相经位错切割后引起的界面能增量,此处γ_{Ω}取参考文献[73]中的值等于0.140 J/m^2,G是切变模量(等于28 GPa),b是柏氏矢量的模(等于0.628 nm),f_{Ω}是Ω相的体积分数,d_{Ω}是Ω析出相的平均直径,t_{Ω}是Ω相的厚度。根据相图杠杆定律计算析出相的最大体积分数,即

$$f_{total} = \frac{W_{Cu/matrix}}{C_{Cu/\theta}} \times \frac{\rho_{alloy}}{\rho_{phase}} \qquad (6-8)$$

其中,$W_{Cu/matrix}$表示合金中的Cu含量,等于1.96%,$C_{Cu/\theta}$表示Al$_2$Cu相中的Cu含量,等于53%,ρ_{alloy}表示合金的密度,等于2.81 g/cm^3,ρ_{phase}表示Al$_2$Cu相的密度,等于4.35 g/cm^3。计算得到的最大析出相体积分数为2.39%。由于Ω、θ'和S 3种析出相都包含Cu原子,按照TEM统计得到的析出相数目密度可以求出3种析出相的最大体积分数。将5种取向单晶经0、50、100、150 MPa应力时效后TEM统计得到的盘片状析出相直径(杆棒状S相的长度)、厚度(S相为直

径)，以及体积分数列入表 6-4 中。

表 6-4　5 种取向 Al-Cu-Mg-Ag 单晶应力时效后 3 种析出相的尺寸及体积分数

时效条件		d_Ω	t_Ω	f_Ω	l_S	d_S	f_S	d_θ	t_θ	f_θ
(-2, 1, 5)	0	85.85	3.92	0.0202	149.2	3.41	0.0021	110.1	2.87	0.0016
	50	80.3	4.06	0.0179	107.3	4.35	0.0050	77.9	3.99	0.0010
	100	94.1	4.94	0.0145	125.3	3.86	0.0079	81.7	3.97	0.0015
	150	76.35	4.34	0.0108	87.15	7.31	0.0114	62.7	4.42	0.0017
(6, -5, 10)	0	84.05	3.28	0.0219	99.3	5.44	0.0018	73	4.13	0.0002
	50	67.35	2.56	0.0200	73.4	4.73	0.0036	52.8	4.09	0.0004
	100	58.3	2.87	0.0201	78.55	6.75	0.0033	50.3	6.75	0.0005
	150	62.2	2.60	0.0184	69.75	4.05	0.0046	55.9	3.39	0.0009
(-3, 1, 3)	0	42.35	2.65	0.0219	133.45	5.26	0.0018	86.8	4.65	0.0002
	50	65.45	2.94	0.0197	68.85	5.46	0.0037	45.9	2.76	0.0004
	100	60.85	4.04	0.0199	64	3.91	0.0034	48.2	4.46	0.0006
	150	47.45	2.85	0.0202	54.9	2.58	0.0035	37.7	3.39	0.0002
(2, 1, 2)	0	106.95	5.72	0.0156	113.9	4.95	0.0074	90.4	4.02	0.0009
	50	101.75	5.04	0.0131	110.3	4.21	0.0096	88.2	5.72	0.0011
	100	92.35	4.98	0.0122	94.75	6.14	0.0107	77.9	6.83	0.0010
	150	69.25	3.37	0.0171	78.45	5.66	0.0064	64.5	7.28	0.0004
(1, 4, 4)	0	102.6	5.81	0.0180	129.35	7.63	0.0051	77.1	7.73	0.0008
	50	85.75	4.98	0.0206	123.45	6.21	0.0030	67.8	6.01	0.0003
	100	70.7	3.59	0.0172	83.6	5.48	0.0064	68.6	5.16	0.0003
	150	74.35	4.28	0.0156	91.55	5.20	0.0076	55.5	4.77	0.0007

　　根据表 6-4 中的统计数据，依照式(6-6)可以计算析出相的总时效强化效果，结果如图 6-37 所示，此计算过程未考虑应力位向效应对析出强化的影响。

　　对比实际硬度测试的结果(图 6-36)，与无应力时效后析出相的强化效果差别较大。这是由于，除了析出强化的影响外，合金单晶时效后的硬度值，取决于测试方向(或者单晶的晶体学方向)与析出惯习面的远近程度。同第 4 章和第 5 章，为了描述时效析出后单晶的这种各向异性，引入取向因子 β，定义 $\beta = \cos\theta$，

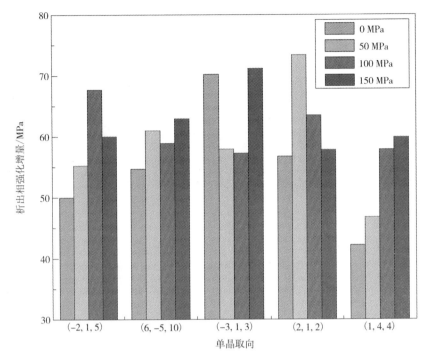

图6-37 未考虑析出相位向效应计算得到的析出强化增量

其中 θ 是单晶取向与｛111｝取向的最小夹角。

当加载应力时效时，析出相分布的各向异性会导致强度降低，分析应力投影对析出相弹性应变能的影响［式(6-2)，式(6-3)］，可以总结出，｛100｝面取向的单晶，Ω 析出相的位向效应程度最低；｛111｝面取向的单晶，S 析出相的位向效应程度最低。因此，用 q 因子，即 Al-Cu-Mg-Ag 单晶面取向｛hkl｝与｛100｝和｛111｝的关系，来分别预测应力时效后 Ω 和 S 析出相的位向效应，$q = \cos\lambda$，其中 λ 是单晶面取向与位向效应弱取向的最小夹角。

应力萌生的位错对 Ω 和 S 析出相的分布也有影响，分别用因子 $|\mathrm{Similarity}_\Omega|$ $//R_{\mathrm{dis}}$ 和 R_{dis} 来描述，其定义见表6-3。

根据析出强化对材料强度的贡献 τ_{t} 可以计算出材料的理论屈服强度，表示为式(6-9)：

$$\sigma_y = \frac{\tau_{\mathrm{t}}}{\eta} + \sigma_0 \tag{6-9}$$

其中，η 是单晶的 Schmid 因子，σ_0 是固溶强化对材料强度的贡献，5 种 Al-Cu-Mg-Ag 合金单晶固溶状态的维氏硬度值为 43.7±1.5 HV，即 σ_0 可取 131

MPa, 5 种单晶的 Schmid 因子依次为 0.435, 0.418, 0.430, 0.408 和 0.433。

综上考虑, Al-Cu-Mg-Ag 合金在外加应力 σ_c 下时效后屈服强度可表达为:

$$\begin{cases} \tau_t = (C_\Omega^{0.67}\tau_\Omega^2 + C_S^{0.67}\tau_S^2 + C_\theta^{0.67}\tau_\theta^2)^{0.5} \\[2mm] \tau_\Omega = q_\Omega \cdot (|\mathrm{Similarity}_\Omega| /\!/R_{\mathrm{dis}}) \cdot \dfrac{1.211d_\Omega}{t_\Omega^{\;2}}\left(\dfrac{2f_\Omega}{Gb}\right)^{\frac{1}{2}}\gamma_\Omega^{\frac{3}{2}} \\[2mm] \tau_S = q_S \cdot R_{\mathrm{dis}} \cdot 0.15G\dfrac{b}{D_S}\left[f_S^{0.5} + 1.84f_S + 1.84f_S^{1.5}\right] \cdot \ln\dfrac{1.316D_S}{r_0} \\[2mm] \tau_\theta = 0.13G\dfrac{b}{(DT)^{0.5}}\left[f_\theta^{0.5} + 0.75(D_\theta/T_\theta)^{0.5}f_\theta + 0.14(D_\theta/T_\theta)f_\theta^{1.5}\right] \cdot \ln\dfrac{0.87(D_\theta/T_\theta)^{0.5}}{r_0} \\[2mm] \sigma_y = \dfrac{\tau_t}{\eta} + \sigma_0 \end{cases}$$

$$(6-10)$$

图 6-38 为计算得到的 5 种取向 Al-Cu-Mg-Ag 单晶屈服强度。

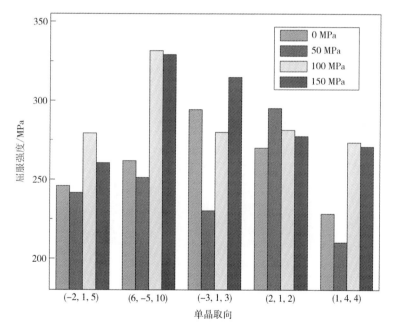

图 6-38　计算得到的 5 种取向 Al-Cu-Mg-Ag 单晶屈服强度

计算得到的屈服强度结果如图 6-38 所示, 对比硬度测试的结果(图 6-36)可知, Al-Cu-Mg-Ag 合金应力时效后的力学性能受晶体学取向的影响得以预测, 面取向为(6, -5, 10)取向的单晶体应力时效后力学性能提升最明显。

6.5　本章小结

本章以 5 种取向的 Al-2Cu-0.3Mg-0.2Ag 合金单晶为研究对象，分别进行了无应力人工时效和 50、100、150 MPa 的应力时效。通过 TEM 分析时效后的微观组织发现该合金时效后同时包含 Ω、S 和 θ' 析出相，且 S 相的比例随着外加应力增大。两个 Ω 相变体的数目密度比值 Ω_1/Ω_2 也随着加载应力而变化，这主要是由于外加应力对不同变体析出相弹性应变能的影响。由于(6, -5, 10)，(-3, 1, 3)和(2, 1, 2)3 种单晶面取向接近位错滑移面，时效后 Ω_1/Ω_2 的分布相比其他两种取向单晶较为均匀。

考虑单晶取向效应、析出相位向效应以及位错对析出的影响，结合统计得到的 3 种析出相数目、尺寸及分布情况，计算了析出相的总时效强化效果。对比硬度测试的结果，Al-Cu-Mg-Ag 合金应力时效后的力学性能受晶体学取向的影响得以预测，接近于 {112} 取向的单晶体应力时效后力学性能提升最明显。

第 7 章　结论与展望

7.1　结论

本书以制备得到的 Al-Cu、Al-Cu-Mg 和 Al-Cu-Mg-Ag 合金单晶和双晶体为主要对象，研究了加载应力大小、晶体取向、合金成分、位错和晶界对析出相位向效应的影响规律，通过分析微观组织观察的结果（TEM，EBSD，HAADF-STEM）和宏观力学性能（维氏硬度、室温压缩屈服强度）的内在规律，建立了应力时效析出强化组织性能关系。主要的研究结果如下：

（1）高 Cu 含量的单晶在应力时效过程中更容易形成大量 G. P. 区或者 θ″相，加载应力时效过程中，应力诱导垂直加载应力惯习面上的 G. P. 区优先形核，Al-4Cu 单晶中析出相位向效应的程度比 Al-2Cu 要严重。Al-2Cu 单晶体应力时效时随着外加应力从 15 MPa 增大到 60 MPa，应力时效后，材料的屈服强度从 101 MPa 下降到 86 MPa。位错提供线扩散通道，位错附近析出相生长较快，Al-4Cu 单晶最先析出生长为沿着位错的 θ′相，单晶内其他位置析出的过程只受外加应力场的影响，析出的 θ″相由于应力位向效应，呈各向异性分布。对于 Al-Cu-Mg 单晶，应力时效时当加载应力足够大时，如 50 MPa，大量 S 相沿着螺形位错析出，S 相的位向效应反而得到抑制。接近于 θ′析出相惯习面 {100}$_{Al}$ 的 (-1, -2, 6) 面取向单晶体，θ$_{//}$ 方向的析出相明显多于 θ$_{\perp}$ 方向；而 (3, 1, 3) 和 (-1, -4, 6) 面取向的单晶体，θ$_{//}$ 和 θ$_{\perp}$ 方向的析出相数目基本相同。

（2）应力时效后，晶界两侧 θ′析出相在两个方向上均匀分布，晶界对 θ′相位向效应的抑制作用在较高应力下更明显；晶界抑制 S 相分布位向效应的作用在高应力下愈发明显，析出相位向效应在晶界附近相比两侧晶体内部明显受到抑制，析出相均匀分布，析出强化效果甚至高于两侧晶体。

（3）以 Al-2Cu 单晶体为对象，研究了多种加载应力下的时效行为。通过分析时效后组织与性能，发现 Al-Cu 合金应力时效后的力学性能不仅取决于时效过程中加载应力的大小，还受到晶体学取向的影响。$(-1,1,6)$取向的单晶由于最接近 θ' 析出相的 (001) 惯习面，离 (111) 位向效应弱取向也较近，所以其析出强化效果较强；而 $(-1,3,3)$ 离 (001) 惯习面和 (111) 取向均最远，析出强化效果最弱。结合不同晶体学取向的 Al-2Cu 单晶在不同应力大小下应力时效的实验结果，建立了基于晶体学各向异性的应力时效析出强化模型。

(4)以 Al-1.2Cu-0.5Mg 单晶为对象，通过分析无应力及应力时效后 S 析出相的组织与性能，发现以 S 相为主的 Al-Cu-Mg 合金应力时效强化效果受材料自身的织构组态，加载应力对析出相尺寸、分布的影响，位错抑制相析出位向效应的共同作用。在以上结果的基础上，建立了综合晶体学各向异性，应力场诱导相析出位向效应，以及高加载应力下位错对析出位向效应抑制作用的应力时效析出强化模型。

(5)以 Al-2Cu-0.3Mg-0.2Ag 单晶为对象，分别进行了无应力人工时效和 50/100/150 MPa 的应力时效。考虑单晶取向效应、析出相位向效应以及位错对析出的影响，结合统计得到的三种析出相数目、尺寸及分布情况，计算了析出相的总时效强化效果。对比硬度测试的结果，Al-Cu-Mg-Ag 合金应力时效后的力学性能受晶体学取向的影响得以预测，接近于 $\{112\}$ 取向的单晶体应力时效后力学性能提升最明显。

7.2 展望

本书主要研究了应力时效对析出强化效果的影响，虽然研究并总结了 2×××系铝合金中 3 种主要析出相，但尚有大量研究需要补充并深入研究，主要包括：

(1)关于晶界对应力时效影响的研究尚处于前期阶段，为了定量晶界能对析出相分布的影响，之后的研究需要制备不同晶界取向差的双晶体，并深入分析晶界相的析出动力学；

(2)T_1 相是新一代 Al-Cu-Li 合金的析出强化相，制备 Al-Cu-Li 单晶体，研究并归纳 T_1 相的应力时效析出强化规律对于发展蠕变时效成形工艺的应用有重要意义；

(3)在多晶材料中将织构组态和位错密度的材料变量，与加载应力大小的实验变量结合起来，应用于实际的蠕变时效成形试验中；

(4)采用原子探针、原位透射电镜进行应力时效实验，观察应力场、位错和形核初期原子团簇之间的交互作用，研究应力萌生位错对原子团簇的作用机理，完善应力时效理论。

参考文献

[1] G Liu, G J Zhang, X D Ding, J Sun, K H Chen. Modeling the strengthening response to aging process of heat-treatable aluminum alloys containing plate/disc-or rod/needle-shaped precipitates [J]. Materials Science and Engineering A, 2003, 344: 113-124.

[2] A Wilm. Physical metallurgical experiments on aluminum alloys containing magnesium[J]. Metallurgie, 1911, 8: 223.

[3] F W Gayle, M Goodway. Precipitation hardening in the first aerospace aluminum alloy: The Wright flyer crankcase[J]. Science, 1994, 266: 1015-1017.

[4] J L Murray. The aluminium-copper system [J]. International Metals Reviews, 1985, 30: 211-234.

[5] A Guinier. Structure of age-hardened aluminium-copper alloys [J]. Nature, 1938, 142: 569-570.

[6] G D Preston. The diffraction of X-rays by age-hardening aluminium copper alloys [J]. Proceedings of the Royal Society of London Series A, Mathematical and Physical Sciences, 1938, 167: 526-538.

[7] K Hōno, T Satoh, K Hirano. Evidence of multi-layer GP zones in Al-1. 7at. %, Cu alloy[J]. Philosophical Magazine A, 1986, 53: 495-504.

[8] J M Silcock, T J Heal, H K Hardy. Structural ageing characteristics of binary aluminium-copper alloys[J]. J. Inst. Metals, 1954, 82: 239-248.

[9] A J Bradley, P Jones. An X-ray investigation of the copper-aluminium alloys[J]. J Inst Met, 1933, 51: 131-157.

[10] H K Hardy. The ageing characteristics of binary aluminium-copper alloys[J]. Journal of the Institute of Metals, 1951, 79: 321-369.

[11] H K Hardy. Ageing curves at 110℃. on binary and ternary aluminium-copper alloys[J]. J. Inst. Metals, 1954, 82: 236.

[12] W M Stobbs, G R Purdy. The elastic accommodation of semicoherent θ′ in Al-4wt. % Cu alloy [J]. Acta Metallurgica, 1978, 26: 1069-1081.

[13] U Dahmen, K H Westmacott. Ledge structure and the mechanism of θ′ precipitate growth in Al-Cu[J]. Physica Status Solidi (a), 1983, 80: 249-262.

[14] V Vaithyanathan. Phase-field simulations of coherent precipitate morphologies and coarsening kinetics[D]. State College: The Pennsylvania State University, 2002.

[15] J F Nie, B C Muddle. Microstructural design of high-strength aluminum alloys[J]. Journal of Phase Equilibria, 1998, 19: 543-551.

[16] J F Nie, B C Muddle, Ian J Polmear. The effect of precipitate shape and orientation on dispersion strengthening in high strength aluminium alloys[J]. Materials Science Forum, 1996, 217: 1257-1262.

[17] A W Zhu, E A Starke Jr. Strengthening effect of unshearable particles of finite size: A computer experimental study[J]. Acta Materialia, 1999, 47: 3263-3269.

[18] Y Ohmori, S Ito, K Nakai. Aging behavior of an Al-Li-Cu-Mg-Zr alloy[J]. Metallurgical and Materials Transactions A, 1999, 30: 741-749.

[19] G B Brook. Precipitation in metals, Special Report No. 3[J]. Fulmer Research Institute, 1963.

[20] J M Silcock. Effect of reinforcement size on age hardening of Al-SiC 20 vol % particulate composites[J]. Japan Inst. Metals, 1961, 89: 203-210.

[21] A K Gupta, P Gaunt, M C Chaturvedi. Quantitative analysis of interfacial chemistry in TiC/Ti using electron energy loss spectroscopy[J]. Philos. Mag. A, 1987, 55 (3): 375-387.

[22] L F Mondolfo. Microstructures in overaged Al-Li-Cu-Mg-Ag alloys. Aluminium Alloys: Structure and Properties. Butterworth & Co. Ltd., London, UK, 1976: 497-504.

[23] D Khireddine, R Rahouadj, M Clavel. Evidence of S_0 phase shearing in an aluminium-lithium alloy[J]. Scr. Metall., 1988, 22: 167-172.

[24] H C Shih, N J Ho, J C Huang. Precipitation behaviors in Al-Cu-Mg and 2024 aluminum alloys [J]. Metallurgical and Materials Transactions A, 1996, 27: 2479-2494.

[25] R W K Marceau, G Sha, R N Lumley, S P Ringer. Evolution of solute clustering in Al-Cu-Mg alloys during secondary ageing[J]. Acta Materialia, 2010, 58: 1795-1805.

[26] K Raviprasad, C R Hutchinson, T Sakurai, S P Ringer. Precipitation processes in an Al-2.5Cu-1.5Mg (wt.%) alloy microalloyed with Ag and Si[J]. Acta Materialia, 2003, 51: 5037-5050.

[27] R N Wilson. The effects of 0.24 percent silicon upon the initial stages of ageing of an aluminium -2.5 percent copper-1.2 percent magnesium alloy[J]. J Inst Metals, 1969, 97: 80-86.

[28] C R Hutchinson, S P Ringer. Precipitation processes in Al-Cu-Mg alloys microalloyed with Si [J]. Metallurgical and Materials Transactions A, 2000, 31: 2721-2733.

[29] L Kovarik, S A Court, H L Fraser, M J Mills. GPB zones and composite GPB/GPBII zones in Al-Cu-Mg alloys[J]. Acta Materialia, 2008, 56: 4804-4815.

[30] J Majimel, G Molenat, M J Casanove, D Schuster, A Denquin, G Lapasset. Investigation of the evolution of hardening precipitates during thermal exposure or creep of a 2650 aluminium alloy [J]. Scripta Materialia, 2002, 46: 113-119.

[31] A M Zahra, C Y Zahra. Conditions for S-formation in an Al-Cu-Mg alloy[J]. Journal of Thermal Analysis and Calorimetry, 1990, 36: 1465-1470.

[32] P Ratchev, B Verlinden, P De Smet, P Van Houtte. Precipitation hardening of an Al-4.2 wt% Mg-0.6 wt% Cu alloy[J]. Acta Materialia, 1998, 46: 3523-3533.

[33] G C Weatherly, A Perovic, N K Mukhopadhyay, D J Lloyd, D D Perovic. The precipitation of the Q phase in an AA6111 alloy[J]. Metallurgical and Materials Transactions A, 2001, 32: 213-218.

[34] V Radmilovic, R Killas, U Dahnen, G J Shiflet. Structure and morphology of S-phase precipitates in aluminum[J]. Acta Materialia, 1999, 47: 3987-3997.

[35] S P Ringer, T Sakurai, I J Polmear. Origins of hardening in aged Al-Cu-Mg-(Ag) alloys[J]. Acta Materialia, 1997, 45: 3731-3744.

[36] S P Ringer, S K Caraher, I J Polmear. Response to comments on cluster hardening in an aged Al-Cu-Mg alloy-modern techniques in physical metallurgy[J]. Scripta Materialia, 1998, 39: 1559-1567.

[37] R N Wilson, P G Partridge. The nucleation and growth of S′precipitates in an aluminium-2.5% copper-1.2% magnesium alloy[J]. Acta Metallurgica, 1965, 13: 1321-1327.

[38] Z Q Feng, Y Q Yang, B Huang, M Han, X Luo, J G Ru. Precipitation process along dislocations in Al-Cu-Mg alloy during artificial aging[J]. Materials Science and Engineering A, 2010, 528: 706-714.

[39] Y A Bagaryatsky. Precipitation behaviours in Al-Cu-Mg and 2024 aluminium alloys[J]. Dokl. Akad., 1952, 87: 397.

[40] Y A Bagaryatsky. X-ray study of aging of aluminum alloys. I. application of monochromatic X-rays to study the structure of annealed alloys[J]. Zhur. Tech. Fizi/zi., 1948, 18: 827-83.

[41] Y A Bagaryatsky. Deformation behaviour of the Al-4.5Mg-0.5Cu type alloy sheet. Dokl. Akad., 1952a, 87: 559-562.

[42] F Cuisiat, P Duval, R Graf. On the crystal structure of S′ phase in Al-Cu-Mg alloy[J]. Scr. Metall., 1984, 18: 1051-1056.

[43] G C Weatherly. Conditions of S′-formation in Al-Cu-Mg alloy[D]. Cambridge: University of Cambridge, 1966.

[44] R N Wilson. The ageing response of Al-Cu and Al-Cu-Mg directly solidified eutectic[J]. J. Inst. Metals, 1969, 97: 80-87.

[45] X Tang. Microstructural development in Al-Li-Cu-Mg alloys and metal matrix composites[D]. Pennsylvania State University, 1995.

[46] V Radmilovic, G Thomas, G J Shiflet, E A Starke Jr. On the nucleation and growth of Al₂CuMg (S′) in Al-Li-Cu-Mg and Al-Cu-Mg alloys[J]. Scr. Metall., 1989, 23: 1141-1146.

[47] H M Flower, P J Gregson. Solid state phase transformations in aluminium alloys containing lithium[J]. Mater. Sci. Technol., 1987, 3: 81-90.

[48] M J Starink, P Wang, I Sinclair, P J Gregson. Microstrucure and strengthening of Al-Li-Cu-Mg alloys and mmcs: I. Analysis and modelling of microstructural changes [J]. Acta Materialia, 1999, 47: 3841-3853.

[49] M J Starink, P Wang, I Sinclair, P J Gregson. Microstrucure and strengthening of Al-Li-Cu-Mg alloys and MMCs: II. Modelling of yield strength [J]. Acta Materialia, 1999, 47:

3855-3868.

[50] J Yan. Strength Modelling of Al-Cu-Mg Type Alloys[D]. University of Southampton, 2006.

[51] S Kerry, V D Scott. Structure and orientation relationship of precipitates formed in Al-Cu-Mg-Ag alloys[J]. Metal Science, 1984, 18: 289-294.

[52] A Garg, J M Howe. Convergent-beam electron diffraction analysis of the Ω phase in an Al-4.0Cu-0.5Mg-0.5Ag alloy[J]. Acta Metall. Mater., 1991, 39: 1939-1946.

[53] K M Knowles, W M Stobbs. The structure of {111} age-hardening precipitates in Al-Cu-Mg-Ag alloys[J]. Acta Crystallogr., 1988, B44: 207-227.

[54] B C Muddle, I J Polmear. The precipitate Ω phase in Al-Cu-Mg-Ag alloys[J]. Acta Metall., 1989, 37: 777-789.

[55] N Sano, K Hono, T Sakurai, K Hirano. Proc. Int. Conf. on Recent Advances in Science and Engineering of Light Metals[C]. Japan Institute for Light Metals, Kyoto: 1991: 905-910.

[56] L Reich, M Murayama, K Hono. Proc. 6th Int. Conf. on Aluminium Alloys[C]. Japan Institute of Light Metals, Toyohashi, 1998, 2: 645-654.

[57] J H Auld. Structure of metastable precipitate in some Al-Cu-Mg-Ag alloys[J]. Mater. Sci. Technol., 1986, 2: 784-787.

[58] S P Ringer, W Yeung, B C Muddle, I J Polmear. Precipitate stability in Al-Cu-Mg-Ag alloys aged at high temperatures[J]. Acta Metall. Mater., 1994, 42: 1715-1725.

[59] S R Aramulla, I J Polmear. Proc. 7th Int. Conf. on Strength of Metals and Alloys[C]. Montreal, 1985, 1: 453-458.

[60] J H Auld, J T Vietz. The mechanism of phase transformations in crystalline solids[C]. Institute of Metals Special Report, Institute of Metals, London, 1969, No. 33.

[61] J H Auld, J T Vietz, I J Polmear. T-phase precipitation induced by the addition of silver to an Al-Cu-Mg alloy[J]. Nature, 1966, 209: 703.

[62] K M Knowles, W M Stobbs. Diffraction pattern simulations of quasiperiodic structures[J]. Acta Crystallogr. B, 1988, 44: 207.

[63] C R Hutchinson, X Fan, S J Pennycook, G J Shiflet. On the origin of the high coarsening resistance of Ω plates in Al-Cu-Mg-Ag alloys [J]. Acta Mater., 2001, 49: 2827.

[64] Aiua Zhu, E A Starke Jr, G J Shiflet. An FP-CVM calculation of pre-precipitation clustering in Al-Cu-Mg-Ag alloys[J]. Scripta Materialia., 2005, 53: 35-40.

[65] L Reich, M Murayama, K Hono. Evolution of Ω phase in an Al-Cu-Mg-Ag alloy-a three-dimensional atom probe study [J]. Acta Mater., 1998, 46: 6053-6062.

[66] C R Hutchinson, X Fan, S J Pennycook, G J Shiflet. On the origin of the high coarsening resistance of Ω plates in Al-Cu-Mg-Ag alloys [J]. Acta Mater., 2001, 49: 2827-2841.

[67] James M. Howe. Analytical transmission electron microscopy analysis of Ag and Mg segregation to {111} θ precipitate plates in an Al-Cu-Mg-Ag alloy [J]. Philos. Mag. Lett., 1994, 70: 111-120.

[68] S P Ringer, B C Muddle, I J Polmear. Effects of cold work on precipitation in Al-Cu-Mg-

(Ag) and Al-Cu-Li-(Mg-Ag) alloys[J]. Metall. Mater. Trans. A, 1995, 26: 1659-1671.

[69] A K Mukhopadhyay. Coprecipitation of Ω and σ phases in Al-Cu-Mg-Mn alloys containing Ag and Si [J]. Metall. Mater. Trans. A, 2002, 33: 3635-3648.

[70] B Q Li, F E Wawner. Dislocation interaction with semicoherent precipitates (Ω phase) in deformed Al-Cu-Mg-Ag alloy[J]. Acta Mater. , 1998, 46(15): 5483-5490.

[71] S Bai, H Di, Z Liu. Dislocation interaction with Ω phase in crept Al-Cu-Mg-Ag alloys[J]. Mater. Sci. Eng. , 2016, A651: 399-405.

[72] F J Nie, B C Muddle. Microstructural design of high strength aluminum alloys[J]. J. Phase Equilib. , 1998, 19(6): 543-551.

[73] M Gazizov, R Kaibyshev. The precipitation behavior of an Al-Cu-Mg-Ag alloy under ECAP [J]. Mater. Sci. Eng. , 2013, A588: 65-75.

[74] M Gazizov, R Kaibyshev. Effect of over-aging on the microstructural evolution in an Al-Cu-Mg-Ag alloy during ECAP at 300℃[J]. J. Alloy. Compd. , 2012, 527: 163-175.

[75] M Gazizov, R Kaibyshev. Low-cyclic fatigue behavior of an Al-Cu-Mg-Ag alloy under T6 and T840 conditions[J]. Mater. Sci. Technol. , 2017, 33(6): 688-698.

[76] A G Khachaturyan. Theory of structural transformations in solids[M]. United States: Dover Pubns, 2013: 506-523.

[77] J D Eshelby. The determination of the elastic field of an ellipsoidal inclusion, and related problems[C]. Proceedings of the Royal Society of London. Series A. Mathematical and Physical Sciences 241, 1226 (1957): 376-396.

[78] A Heinz, A Haszler, C Keidel et al. Recent development in aluminium alloys for aerospace applications[J]. Materials Science and Engineering A, 2000, 280: 102-107.

[79] W S Miller, L Zhuang, J Bottema, et al. Recent development in aluminium alloys for the automotive industry[J]. Materials Science and Engineering A, 2000, 280: 37-49.

[80] Ahmed K Noor, Samuel L Venneri, Donald B Paul, et al. Hopkins. Structures technology for future aerospace systems[J]. Computers and Structures, 2000, 74: 507-519.

[81] James C Williams, Edgar A Starke Jr. Progress in structural materials for aerospace systems [J]. Acta Materialia, 2003, 51: 5775-5799.

[82] 曾元松, 黄遐. 大型整体壁板成形技术[J]. 塑性工程学报, 2008, 15(3): 1-7.

[83] 王俊彪, 刘中凯, 张贤杰. 大型机翼整体壁板时效成形技术[J]. 航空学报, 2008, 29 (3): 728-733.

[84] K Watcham. Airbus A380 takes creep age-forming to new heights[J]. Materials World, 2004, 12 (2): 10-11.

[85] Zhan L, Lin J, Dean T A. A review of the development of creep age forming: Experimentation, modelling and applications[J]. International Journal of Machine Tools and Manufacture, 2011, 51(1): 1-17.

[86] 曾元松, 黄遐, 黄硕. 蠕变时效成形技术研究现状与发展趋势[J]. 塑性工程学报, 2008, 15(4): 1-8.

[87] 李劲风, 郑子樵, 李世晨, 等. 铝合金时效成形及时效成形铝合金[J]. 材料导报, 2006, 20(5): 101-103.

[88] B Skrotzki, G J Shiflet, E A Starke Jr. On the effect of stress on nucleation and growth of precipitates in an Al-Cu-Mg-Ag Alloy[J]. Mater. Sci. Eng. A, 1996, 27: 3431-3444.

[89] Zhu A W, Starke E A. Stress aging of Al-xCu alloys: Experiment[J]. Acta Materialia, 2001, 49(1): 2285-2295.

[90] M C Holman. Autoclave age forming large aluminium aircraft panels[J]. Journal of Mechanical Working Technology, 1989, 20: 477-488.

[91] M Sallah, J Peddieson, S Foroudastan. A mathematical model of autoclave age forming[J]. Journal of Materials Processing Technology, 1991, 28(1-2): 211-219.

[92] Li M, Liu Y, Su S, et al. Multi-point forming: A flexible manufacturing method for a 3-d surface sheet[J]. Journal of Materials Processing Technology, 1999, 87(1): 277-280.

[93] Hardt D E, Webb R D, Suh N P. Sheet metal die forming using closed-loop shape control[J]. CIRP Annals-Manufacturing Technology, 1982, 31(1): 165-169.

[94] Li M Z, Cai Z Y, Sui Z, et al. Multi-point forming technology for sheet metal[J]. Journal of Materials Processing Technology, 2002, 129(1): 333-338.

[95] 张传敏. 飞机蒙皮多点拉形过程的数值模拟研究[D]. 长春: 吉林大学, 2006.

[96] Bakavos D, Prangnell P B. A comparison of the effects of age forming on the precipitation behavior in 2×××, 6××× and 7××× aerospace alloys[J]. Materials Forum, 2004, 28(1): 124-131.

[97] 李剑, 郑子樵, 陈大钦, 等. Al-Cu 合金应力时效的动力学研究[J]. 稀有金属, 2005, 29: 539-544.

[98] Zhu A W, Starke E A Jr. Stress aging of Al-Cu alloys: Computer modeling[J]. Acta Mater., 2001, 49: 3063-3069.

[99] Eto T, Stao A, Mori T. Stress-oriented precipitation of G. P zones and theta prime in an Al-Cu alloy[J]. Acta Metallurgical, 1978, 26: 499-508.

[100] 陈大钦, 郑子樵, 李世晨, 等. 外加应力对 Al-Cu, Al-Cu-Mg-Ag 合金析出相生长的影响[J]. 金属学报, 2004. 40(8):799-804.

[101] 陈大钦, 李世晨, 郑子樵, 等. 共格沉淀析出过程的模拟 II-外加应力场的影响[J]. 中国有色金属学报, 2006, 16, 116-122.

[102] 邓运来, 周亮, 晋坤, 等. 2124 铝合金蠕变时效的微结构与性能[J]. 中国有色金属学报, 2010, 20(11): 2106-2111.

[103] 孙志强, 周文龙, 陈国清, 等. 时效成形对 2324 铝合金组织及性能的影响[J]. 材料工程, 2009, 10: 73-76.

[104] 王宏伟, 易丹青, 蔡金伶, 等. 应力时效对 2E12 铝合金的力学性能和微观组织的影响[J]. 中国有色金属学报, 2011, 21(12): 3019-3024.

[105] H Hargarter, M T Lyttle, E A Starke Jr. Effects of preferentially aligned precipitates on plastic anisotropy in Al-Cu-Mg-Ag and Al-Cu alloys[J]. Materials Science and Engineering A,

1998, 257: 87-89.

[106] Li K P, Carden W P, Wagoner R H. Simulation of springback[J]. International Journal of Mechanical Sciences, 2002, 44(1): 103-122.

[107] Papeleux L, Ponthot J P. Finite element simulation of springback in sheet metal forming[J]. Journal of Materials Processing Technology, 2002, 125-126: 785-791.

[108] Micari F, Forcellese A, Fratini L, et al. Springback evaluation in fully 3-D sheet metal forming Processes[J]. CIRP Annals-Manufacturing Technology, 1997, 46(1): 167-170.

[109] Ho K C, Lin J, Dean T A. Modelling of springback in creep forming thick aluminum sheets [J]. International Journal of Plasticity, 2004, 20(4-5): 733-751.

[110] Huang L, Wan M, Chi C, et al. FEM analysis of spring-backs in age forming of aluminum alloy plates[J]. Chinese Journal of Aeronautics, 2007, 20(6): 564-569.

[111] Jeunechamps P P, Ho K C, Lin J, et al. A closed form technique to predict springback in creep age-forming[J]. International Journal of Mechanical Sciences, 2006, 48(6): 621-629.

[112] 甘忠, 熊威, 张志国. 2124 铝合金时效成形回弹预测[J]. 塑性工程学报, 2009, 16(3): 140-144.

[113] 黄霖, 万敏, 吴向东, 等. 整体壁板时效成形的回弹预测及模面补偿技术[J]. 航空学报, 2009, 30(8): 1531-1536.

[114] Kowalewski Z L. Mechanism-based creep constitutive equations for an aluminium alloy[J]. Journal of Strain Analysis, 1994, 29: 309~316.

[115] Li B, Lin J, Yao X. A novel evolutionary algorithm for determining unified creep damage constitutive equations[J]. International Journal of Mechanical Sciences, 2002, 44(5): 987-1002.

[116] Zhang J, Deng Y, Zhang X. Constitutive modeling for creep age forming of heat-treatable strengthening aluminum alloys containing plate or rod shaped precipitates [J]. Materials Science & Engineering A. 2013, 563(15): 8-15.

[117] Ho K C, Lin J, Dean T A. Constitutive modelling of primary creep for age forming an aluminium alloy[J]. Journal of Materials Processing Technology, 2004, 153-154: 122-127.

[118] Zhan L, Lin J, Dean T A, et al. Experimental studies and constitutive modelling of the hardening of aluminium alloy 7055 under creep age forming conditions [J]. International Journal of Mechanical Sciences, 2011, 53(8): 595-605.

[119] 张劲. 高强铝合金蠕变时效成形形/性协同机理与应用研究 [D]. 长沙: 中南大学, 2013.

[120] J S Kallend, G Gottstein. Eighth International Conferenceon Textures of Materials (ICOTOM S)[C]. TMS, Santa Fe, 1988: 1051-1057.

[121] Shang Fu, Dan qing Yi, Hui qun Liu, et al. Effects of external stress aging on morphology and precipitation behavior of θ'' phase in Al-Cu alloy [J]. Transactions of Nonferrous Metals Society of China, 2014, 24(7): 2282-2288.

[122] K Luo, B Zang, Fu Shang, et al. Stress/strain aging mechanisms in Al alloys from first

principles [J]. Transactions of Nonferrous Metals Society of China, 2014, 24 (7): 2130-2137.

[123] Kang Luo, Yong Jiang, Danqing Yi, et al. Strained coherent interface energy of the Guinier-Preston II phase in Al-Cu during stress aging[J]. Journal of Materials Science, 2013, 48: 7927-7934.

[124] 罗康. 外应力场下 Al-Cu 合金析出相界面的第一性原理研究[D]. 长沙: 中南大学, 2014.

[125] Li J C M. Nucleation of Fe_6N_2 under applied stress [J]. Transactions of ASM, 1967, 60: 226-227.

[126] Y Tanaka, A Sato, T Mori. Stress assisted nucleation of α'' precipitates in Fe-N single crystals [J]. Acta Metallurgica, 1978, 26(4): 529-540.

[127] W M Stobbs, G R Purdy. The elastic accommodation of semicoherent θ' in Al-4wt.%Cu alloy [J]. Acta Metallurgica, 1978, 26(7): 1069-1081.

[128] R Sankaran. Discussion of "effect of stress during aging on the precipitation of θ' in Al-4 Wt pct Cu"[J]. Metallurgical Transactions A, 1976, 7: 770-771

[129] M J Starink, N Gao, N Kamp, et al. Relations between microstructure, precipitation, age-formability and damage tolerance of Al-Cu-Mg-Li (Mn, Zr, Sc) alloys for age forming[J]. Materials Science and Engineering A, 2006, 418: 241-249.

[130] 湛利华, 李炎光, 黄明辉. 应力作用下 2124 合金蠕变时效的组织与性能[J]. 中南大学学报(自然科学版), 2012, 43(3): 926-931.

[131] Y C Lin, Yuchi Xia, Yuqiang Jiang, et al. Precipitation in Al-Cu-Mg alloy during creep exposure[J]. Materials Science and Engineering A, 2012, 556: 796-800.

[132] Y C Lin, Yuchi Xia, Yuqiang Jiang, et al. Precipitation hardening of 2024-T3 aluminum alloy during creep aging[J]. Materials Science and Engineering A, 2013, 565: 420-429.

[133] Y C Lin, Yuqiang Jiang, Yuchi Xia, et al. Effects of creep-aging processing on the corrosion resistance and mechanical properties of an Al-Cu-Mg alloy [J]. Materials Science and Engineering A, 2014, 605: 192-202.

[134] Guan Liu, Y C Lin, Xiancheng Zhang, et al. Effects of two-stage creep-aging on precipitates of an Al-Cu-Mg alloy[J]. Materials Science and Engineering A, 2014, 614: 45-53.

[135] Liwei Quan, Gang Zhao, Ni Tian, et al. Effect of stress on microstructures of creep-aged 2524 alloy[J]. Trans. Nonferrous Met. Soc. China, 2013, 23: 2209-2214.

[136] Fushun Xu, Jin Zhang, Yunlai Deng, et al. Precipitation orientation effect of 2124 aluminum alloy in creep aging[J]. Trans. Nonferrous Met. Soc. China, 2014, 24: 2067-2071.

[137] Jin Zhang, Yunlai Deng, Siyu Li, et al. Creep age forming of 2124 aluminum alloy with single/double curvature[J]. Trans. Nonferrous Met. Soc. China, 2013, 23: 1922-1929.

[138] 邓运来, 唐露华, 张劲. 2124 铝合金双曲率蠕变时效成形试验与回弹[J]. 2012, 19(6): 63-67.

[139] 张劲, 邓运来, 杨金龙, 等. 2124 铝合金蠕变时效试验及本构模型研究[J]. 金属学报,

2013, 49(3): 379-384.

[140] 黄硕, 曾元松, 黄遐. 2324 铝合金蠕变时效成形有限元分析[J]. 塑性工程学报, 2009, 16(4): 129-133.

[141] Y C Lin, Yuchi Xia, Mingsong Chen, et al. Modeling the creep behavior of 2024-T3 Al alloy [J]. Computational Materials Science, 2013, 67: 243-248.

[142] 周亮, 邓运来, 晋坤, 等. 预处理对 2124 铝合金板材蠕变时效微结构与力学性能的影响 [J]. 材料工程, 2010, 2: 81-85.

[143] 赵建华, 陈泽宇, 李思宇, 等. 初始状态对 2124 铝合金蠕变时效行为与力学性能的影响 [J]. 材料工程, 2012, 10: 63-67.

[144] Zhan Lihua, Li Yanguang, Huang Minghui. Effects of process parameters on mechanical properties and microstructures of creep aged 2124 aluminum alloy[J]. Trans. Nonferrous Met. Soc. China, 2014, 24: 2232-2238.

[145] S Muraishi, S Kumai, A Sato. Stress-oriented nucleation of Ω-phase plates in an Al-Cu-Mg-Ag alloy[J]. Philos. Mag. A, 2002, 82: 415-428.

[146] S Muraishi, S Kumai, A Sato. Competitive nucleation and growth of {111} Ω with {001} GP zone and θ′ in a stress-aged Al-Cu-Mg-Ag alloy [J]. Materials Transactions, 2004, 45 (10): 2974-2980.

[147] Zhou Jie, Liu Zhiyi, Li Yuntao, et al. Effect of tensile stress on microstructure evolution of Al-Cu-Mg-Ag alloys[J]. Trans. Nonferrous Met. Soc. China, 2007, 17: s322-s325.

[148] Qingkun Xia, Zhiyi Liu, Yuntao Li. Microstructure and properties of Al-Cu-Mg-Ag alloy exposed at 200℃ with and without stress[J]. Transactions of Nonferrous Metals Society of China, 2008, 18(4): 789-794.

[149] Song Bai, Zhiyi Liu, Xuanwei Zhou, et al. Stress-oriented nucleation of Ω-phase plates in an Al-Cu-Mg-Ag alloy[J]. Mater. Sci. Eng. A, 2014, 589: 89-96.

[150] 刘晓艳, 潘清林, 曹素芳, 等. 应力时效对 Al-Cu-Mg-Ag 耐热铝合金组织与性能的影响 [J]. 航空材料学报, 2010, 30(5): 8-13.

[151] 曹素芳, 潘清林, 刘晓艳, 等. 外加应力对 Al-Cu-Mg-Ag 合金时效析出行为的影响[J]. 中国有色金属学报, 2010, 20(8): 1513-1519.

[152] Xiaoyan Liu, Qinglin Pan, Xi liang Zhang, et al. Effects of stress-aging on the microstructure and properties of an aging forming Al-Cu-Mg-Ag alloy[J]. Materials and Design, 2014, 58: 247-251.

[153] W F Hosford, S P Agrawal. Effect of stress during aging on the precipitation of θ′ in Al-4Cu [J]. Metall. Trans. A, 1975, vol. 6, pp. 487-91.

[154] A W Zhu, A Csontos, E A Starke Jr. Computer experiment on superposition of strengthening effects of different particles [J]. Acta Mater., 1999, 47: 1713-21.

图书在版编目（CIP）数据

晶体学各向异性效应对铝合金应力时效的影响 /
郭晓斌，邓运来著. —长沙：中南大学出版社，2021.12
　　ISBN 978-7-5487-4585-3

　　Ⅰ.①晶… Ⅱ.①郭… ②邓… Ⅲ.①晶体学－影
响－铝合金－应力 Ⅳ.①TG146.21

　　中国版本图书馆 CIP 数据核字(2021)第 150414 号

晶体学各向异性效应对铝合金应力时效的影响
JINGTIXUE GEXIANG YIXING XIAOYING DUI LÜHEJIN YINGLI SHIXIAO DE YINGXIANG

郭晓斌　邓运来　著

□责任编辑	史海燕
□责任印制	易红卫
□出版发行	中南大学出版社
	社址：长沙市麓山南路　　　邮编：410083
	发行科电话：0731-88876770　　传真：0731-88710482
□印　　装	长沙市宏发印刷有限公司

□开　　本	710 mm×1000 mm 1/16　　□印张 9.25　　□字数 186 千字
□版　　次	2021 年 12 月第 1 版　　□印次 2021 年 12 月第 1 次印刷
□书　　号	ISBN 978-7-5487-4585-3
□定　　价	55.00 元